国家林业和草原局普通高等教育"十四五"规划教材

中华农业科教基金课程教材建设研究项目

# 生物化学实验

张宽朝　龙雁华　主编

中国林业出版社
China Forestry Publishing House

## 内容简介

本教材除绪论外包括两篇，共11章。第一篇是生物化学实验基础，介绍生物化学实验室规则与安全、生物化学实验基础技能、生物化学实验材料的取样与预处理，以及生物化学实验技术基本原理。第二篇是生物化学实验，选编33个实验，包括以加强学生基本实验方法和技能掌握与训练为目的的基础性实验（涵盖糖、脂类、氨基酸与蛋白质、维生素、核酸、酶和新陈代谢），以培养学生科研思维和独立开展研究工作能力为目的的综合性实验和设计性实验。书后附录介绍了常用仪器的安全操作规范和实验室常用参考数据。本教材还设计了具有代表性的延伸阅读内容，供读者选择性阅读与使用。

本教材适合于高等农业院校植物生产类、林学类、农学类、动物科学类、生物科学类等相关专业使用，也可作为综合类、师范类等专业的实验教材，或供有关研究生、教师、科研人员参考。

### 图书在版编目（CIP）数据

生物化学实验/张宽朝，龙雁华主编. —北京：中国林业出版社，2023.12
国家林业和草原局普通高等教育"十四五"规划教材
中华农业科教基金课程教材建设研究项目
ISBN 978-7-5219-2581-4

Ⅰ. ①生… Ⅱ. ①张… ②龙… Ⅲ. ①生物化学-实验-高等学校-教材 Ⅳ. ①Q5-33

中国国家版本馆 CIP 数据核字（2024）第 022473 号

策划编辑：高红岩
责任编辑：高红岩
责任校对：苏　梅
封面设计：睿思视界视觉设计

出版发行　中国林业出版社
　　　　　（100009，北京市西城区刘海胡同7号，电话 83223120）
电子邮箱　cfphzbs@163.com
网　　址　http://www.forestry.gov.cn/lycb.html
印　　刷　北京中科印刷有限公司
版　　次　2024年1月第1版
印　　次　2024年1月第1次印刷
开　　本　787mm×1092mm　1/16
印　　张　11.25
字　　数　270千字　　　数字资源：38千字
定　　价　34.00元

# 《生物化学实验》编写人员

**主　编**　张宽朝　龙雁华
**副主编**　陶　芳　魏练平　金　青
**编　者**　（按姓氏拼音排序）
　　　　　白　娟（西北农林科技大学）
　　　　　黄　林（皖西学院）
　　　　　金　青（安徽农业大学）
　　　　　刘　鑫（安徽农业大学）
　　　　　龙雁华（安徽农业大学）
　　　　　阮　飞（安徽农业大学）
　　　　　陶　芳（安徽农业大学）
　　　　　汪　曙（安徽农业大学）
　　　　　王朝霞（合肥师范学院）
　　　　　魏练平（安徽农业大学）
　　　　　张宽朝（安徽农业大学）
　　　　　赵　胡（阜阳师范学院）
**主　审**　沈文飚（南京农业大学）

# 前 言

生物化学是研究生命物质的化学组成、结构及生命活动过程中各种化学变化的一门学科。生物化学实验技术和方法的发展直接推动了生物化学学科的进步，并且为农林、食品、医药、环保、工业等研究领域提供了很多重要的实验手段。

《生物化学实验》除绪论外包含两篇，共 11 章。本教材紧扣实验教学改革趋势，适应开放性实验教学的要求，在传统体例的基础上单列一篇"生物化学实验基础"，重在进行实验室安全与规则、基础技能、基本实验技术原理等内容的培训和教学，为学生开展实验或自主探索提供有益借鉴。本教材第二篇"生物化学实验"，选编了 33 个实验项目，构建基础性、综合性、设计性 3 个层次的实验教学课程体系，一方面，通过涵盖糖、脂类、氨基酸与蛋白质、维生素、核酸、酶及新陈代谢等内容的基础性实验，加强训练学生的基本实验技能和操作；另一方面，通过增加综合性实验、设计性实验，引导学生以学科理论为基础，围绕学科的技术发展科学地开展实验训练与探索，培养学生的科研思维和独立开展研究工作的能力。教材附录部分重点介绍一些常用仪器的安全操作规范和实验室常用参考数据。为拓展课程思政育人的维度，教材特别设计了"延伸阅读"部分，供读者阅读，旨在探索利用教材在深入强化思想引领方面发挥一定的作用。

本教材坚持适用性，突出基础性、实用性，兼顾系统性、创新性，适合高等农业院校植物生产类、林学类、生物科学类等相关专业大学生使用，也可作为综合类、师范类等专业的大学实验教材，或供有关研究生、教师、科研人员参考。

本教材获得中华农业科教基金课程教材建设研究项目的资助。

安徽农业大学教务处、教材中心和中国林业出版社对本教材的编写给予了大力支持和指导帮助，在此谨致谢意！本教材在编写过程中借鉴和引用了国内外一些优秀教材与资料，在此对相关作者表示衷心感谢！

本教材编写出版过程中，编者虽然力求精益求精，但限于水平，不免存在疏漏和不妥之处，敬请同行、读者批评指正！

编　者
2023 年 10 月

# 目 录

前 言

绪 论 ········································································································· 1

## 第一篇 生物化学实验基础

### 第一章 生物化学实验室规则与安全 ······················································· 5
第一节 实验室基本安全知识 ································································ 5
第二节 实验室事故处理方法 ································································ 7
第三节 实验室环保规范 ······································································ 9

### 第二章 生物化学实验基础技能 ···························································· 11
第一节 玻璃仪器的洗涤 ···································································· 11
第二节 试剂的配制 ·········································································· 13
第三节 实验误差与数据处理 ······························································ 15
第四节 实验记录与实验报告 ······························································ 17

### 第三章 生物化学实验材料的取样与预处理 ············································ 20
第一节 生物化学实验材料的选择和取样 ·············································· 20
第二节 生物化学实验材料的预处理 ···················································· 22

### 第四章 生物化学实验技术基本原理 ······················································ 25
第一节 生物化学实验技术发展简史 ···················································· 25
第二节 离心技术 ·············································································· 26
第三节 层析技术 ·············································································· 28
第四节 电泳技术 ·············································································· 32
第五节 分光光度技术 ······································································ 34

## 第二篇 生物化学实验

### 第五章 糖和脂质 ················································································ 39
实验一 糖类的性质实验 ···································································· 39
实验二 还原糖的含量测定——3,5-二硝基水杨酸法 ······························ 43

  实验三 可溶性总糖的测定——蒽酮比色法 46
  实验四 血清胆固醇的定量测定——磷硫铁法 49

## 第六章 氨基酸与蛋白质 52
  实验五 氨基酸的分离——离子交换柱层析法 52
  实验六 蛋白质的脱盐——凝胶层析法 55
  实验七 游离氨基酸含量的测定——茚三酮显色法 58
  实验八 蛋白质含量的测定——紫外吸收法 61
  实验九 蛋白质的两性解离及等电点的测定——等电聚焦电泳法 63
  实验十 蛋白质的分离及相对分子质量预测——SDS-聚丙烯酰胺凝胶电泳法 67

## 第七章 维生素 71
  实验十一 维生素 A、维生素 $B_1$ 的定性实验 71
  实验十二 维生素 $B_2$ 的定量测定——荧光法 75
  实验十三 维生素 C 的提取和含量测定——磷钼酸法 77

## 第八章 核酸 81
  实验十四 酵母 RNA 的提取与鉴定 81
  实验十五 核苷酸的分离鉴定——DEAE-纤维素薄层层析法 84
  实验十六 核酸含量的测定——紫外吸收法 86
  实验十七 核酸含量的测定——定磷法 88

## 第九章 酶与新陈代谢 92
  实验十八 酶的化学特性 92
  实验十九 琥珀酸脱氢酶的竞争性抑制作用 96
  实验二十 小麦萌发前后淀粉酶活力的比较 99
  实验二十一 糖酵解中间产物的鉴定——抑制剂法 102
  实验二十二 酶促转氨基反应的鉴定——纸层析法 104
  实验二十三 血液中转氨酶活力的测定——2,4-二硝基苯肼法 107

## 第十章 综合性实验 111
  实验二十四 真菌多糖的提取与鉴定 111
  实验二十五 牛奶酪蛋白的提取与含量测定 114
  实验二十六 脲酶的提取与动力学分析 119
  实验二十七 超氧化物歧化酶的活力测定及同工酶电泳 131
  实验二十八 DNA 的提取与定量测定 136
  实验二十九 目的基因的 PCR 扩增及产物的电泳检测 140

## 第十一章 设计性实验 144
  实验三十 卵磷脂的提取和鉴定 144

实验三十一　外界因素对 α-淀粉酶活性的影响 …………………………………… 145
　　实验三十二　菠萝蛋白酶的固定化 …………………………………………………… 147
　　实验三十三　真核细胞 RNA 的分离和鉴定 ………………………………………… 149
**参考文献** ………………………………………………………………………………… 152
**附　录** …………………………………………………………………………………… 153
　　附录一　常用仪器的安全操作规范 …………………………………………………… 153
　　附录二　实验室常用参考数据 ………………………………………………………… 160

# 绪 论

## 一、生物化学实验的教学目的和任务

生物化学实验是采用生物化学的原理和方法探究生命现象化学本质的实验科学。生物化学实验是高等院校植物生产类(含农学、园艺、植物保护、种子科学与工程、设施农业科学与工程、茶学、烟草、农艺教育、园艺教育等专业)、林学类(包括林学、园林、森林保护、经济林等专业)、食品科学与工程类、环境科学与工程类、动物生产类、动物医学类、水产类、生物科学类、生物工程类等相关专业的重要基础课程。

《生物化学实验》一书紧密围绕生物化学实验技术的教学需求,主要针对糖、脂质、蛋白质、酶、核酸、维生素等生物分子的分离、提取、分析、鉴定和定量测定技术等内容进行课程实验项目的设计与教学,加强学生对生物化学实验技术基础技能的掌握、巩固生物化学相关基本理论知识的理解,为后续相关课程和专业学习奠定坚实的基础。

通过生物化学实验,可训练学生学习查阅资料并自主设计简易实验的实践锻炼,使学生完成提出问题、查阅资料、设计方案、动手实验、观察现象、测定数据、数据处理与分析等实验环节的闭环训练,培养学生独立开展科学实验和综合分析问题的能力,为利用生物化学实验技术手段开展综合性科学研究奠定基础。

通过本课程的系统训练,将全面提高学生的实验技能与动手能力,养成整洁实验、节约实验、准确实验的良好习惯,培养学生协同合作、实事求是、谦虚勤奋、追求创新的科学意识和精神,鼓励学生将所学知识应用到实践中,初步具有从事相关专业和开展科学研究的工作能力。

## 二、生物化学实验的学习方法

生物化学实验是高校相关专业培养方案中设立的一门实验课程,通常与生物化学理论课同期开课,是学生进行后续专业课学习前较为全面的基础实验操作技能的训练与培训。学好生物化学实验,需要科学的学习方法,应围绕"实验前、实验中、实验后"3个环节,真正重视生物化学实验的学习活动,建议做好以下工作。

**1. 充分预习**

高效的预习是学好生物化学实验的第一步。在开始实验课前,应认真浏览实验教材,明确实验目的和要求,初步理解实验原理,了解实验过程中需使用到的器材和大致操作步骤,明确实验关键注意事项;可做简明扼要的预习笔记,促进对实验内容的整体把握,提升预习效果。这样,通过课前的充分预习,对即将开展的实验做到心中有数,在实验进行中就能有的放矢,收到成效。

**2. 认真听讲**

在已充分预习的基础上,进入实验室后,认真听讲,再次重温实验流程,重点理解指导教师对实验关键步骤的解析及实验仪器设备使用规则的阐释，明确注意事项，实验的成功率可显著提高。同时，将自己在预习时未能解决的疑难问题在课堂中及时提出，可以得到老师的指导，进一步明确实验的难点和关键问题，提高实验效果。

**3. 规范操作**

加强常规实验操作规范的学习和训练是促使学生养成良好实验习惯、提高学生实践动手能力的基础。通常，在事先拟订的实验计划、方案和具体操作步骤之后，进行安全、规范地实验操作，不仅可以保证实验的顺利进行，提高动手操作能力，还可以进一步巩固预习效果，检验学习成效。此外，在生物化学实验过程中，还要重视大型仪器设备的规范操作和安全使用，在使用这些精密贵重仪器时，必须充分了解其性能和操作方法，在老师的指导下严格按操作规程操作。

**4. 仔细观察、翔实记录**

实验现象的观察和实验数据的记录是积极思维的过程体现。在生物化学实验中，观察到的实验现象，可以用于定性说明物质的性质；记录的一系列实验数据，可以描述和解释物质的量的变化。实验现象的观察、数据的记录对于得出科学实验结论有着不可替代的作用。因此，在实验环节中，应做到仔细观察实验现象、翔实记录实验数据，如发现异常现象应仔细查明原因，努力养成科研工作者应具有的基本素质。

**5. 写好实验报告**

实验报告是将对实验的感性认知提高到理性认识的有效载体。实验结束后，需要对实验现象和实验数据进行科学的归纳与分析，或通过文献查阅提出对实验的改进意见，或分析实验得失总结出实验体会等，以形成有质量的实验报告。规范、翔实的实验报告的撰写是综合实验能力培养的重要一环，是对实验过程的总结和再思考，是直观的感性认识上升到理性思维的必要步骤。

延伸阅读　之一　名人谈科学实验

# 第一篇　生物化学实验基础

　　实验是学生接受系统的实验技能训练、提高实验动手能力和加强理论联系实际的重要途径。生物化学实验的教学任务旨在培养学生深入理解生物化学实验方法的原理，熟练掌握常用生物化学技术并受到较系统的训练，熟悉生物化学的常用仪器，加深学生对生物化学理论知识的理解，培养学生严谨求实的科学态度，提高学生分析解决问题的能力。

　　作为具有鲜明实践属性的课程，生物化学实验教学中，加强学生对实验室规则和安全、实验基本要求、实验材料取样与预处理、实验技术基本原理等方面的训练和掌握尤为必要，这将为学生后续深入学习和自主科研创新实践训练奠定有效基石。

# 第一章 生物化学实验室规则与安全

生物化学实验室是开展生物化学实验教学和科研创新实践的重要基地。由于教学科研及人才培养的需要，生物化学实验室使用频繁，实验室安全管理压力日益增大。因此，在进入实验室开展实验之前，必须首先了解和熟悉生物化学实验室规则和安全事项。

本章重点介绍实验室基本安全知识、实验室事故处理方法、实验室环保规范，以便提升学生的生物化学实验室安全意识，服务师生规范、安全地开展实验教学和科学探索。

## 第一节 实验室基本安全知识

在生物化学实验室中，学生经常接触各种具有毒性、腐蚀性、易燃、易爆的化学药品；同时，各种精密仪器设备、易碎的玻璃或瓷质器皿等的使用，也存在一定的危险性。安全的实验室环境是学习和工作的前提。因此，必须十分重视实验室的安全工作，防患于未然。

### 一、实验室安全基本规范

在生物化学实验室从事教学和科学研究活动前，需要详细了解实验室一般安全规则、学习和掌握相关基本安全知识，以保证实验室相关人员和实验环境的安全。

**1. 实验前的安全基本规范**

进入实验室开始工作前，应事先了解实验室的消防与基础应急防护设施，熟悉门窗、水电开关的位置。严禁将食物、食具等带进实验室，实验室内禁止吸烟。对于实验需使用的仪器，应了解其基本原理和使用方法，掌握具体操作规程。熟悉所需使用试剂和药品的特性与潜在危害。

**2. 实验过程中的安全基本规范**

（1）在老师的指导下按操作规程使用仪器。尤其是贵重精密仪器，使用时要谨慎。实验中，若碰到疑问，要及时请教实验老师或仪器设备负责人，不得盲目操作。非本次实验所用的仪器未经老师允许，不得随意乱动。实验中途不可长时间离开实验室。

（2）使用试剂前，一定要仔细辨认标签，确认试剂名称、浓度等是否符合本次实验要求。不使用无标签（或标志）容器盛放的试剂、试样。使用药品、试剂时要保持桌面整洁，避免污染。公用试剂用毕，应立即将瓶塞盖严，切勿盖错，并放回原处。未用完的试剂不得再倒回瓶内。

（3）使用强酸、强碱、氨水、过氧化氢、冰乙酸等具腐蚀性和刺激性的药品，优先选择在通风橱内进行。取用时，带上橡胶手套和防护眼镜，小心翼翼地倾倒，防止溶液溅出，切勿正对容器口俯视。若有溅落时，应及时清理及除毒。使用有毒或腐蚀性较强的试剂时，应采用量筒量取，若必须用吸管时，一定要使用洗耳球。禁止不佩戴任何防护用品直接接触这类化学试剂。

（4）使用乙醚、石油醚、乙醇等易燃有机溶剂时，切记不要大量堆放在实验台或试剂柜中，实验室内严禁明火。若需加热，不可在电炉上直接加热，应在水浴上利用回流冷凝管加热或蒸馏。

（5）严格遵守实验室安全用电规程，严格管理实验室内的各类电气设备。

（6）实验中产生的废物、废液应集中处理，不得任意排放。

**3. 实验结束后的安全基本规范**

实验完毕，应及时将实验用具、器皿等洗净、烘干存放，确认实验室内和实验台面无大量物品堆积。实验人员必须净手后方可离开。人员在离开实验室前要做好水电和门窗的关闭，确保水电、设备、器材和化学试剂等的安全。

## 二、实验室设施安全

**1. 实验室用水安全**

在生物化学实验室中，配制溶液、维持需水仪器的正常运行、清洗器皿等环节需要使用大量的水。因此，在实验室开展工作期间，必须树立节约用水意识，针对不同实验的实际需求，合理选择实验用水，注意用水安全。若遇突然停水，须检查阀门是否关闭，防止再次来水时实验室无人造成水满溢出及仪器设备受损。若实验室长期无人时，须关闭水阀和仪器设备开关。

生物化学实验室常用需水仪器设备及其可能存在的安全隐患包括：①蒸馏装置：缺水、漏水；②纯水机：缺水、漏水、忘记及时关闭出水口；③制冰机：自动供水装置故障、漏水、控温装置失灵导致冰水溢出；④水浴锅：水量少、无水干烧、漏水；⑤超声清洗器：水量不足或水量过多、漏水；⑥灭菌锅：水量少、干烧、漏水、加水过量、排气口浸入水中发生倒吸；⑦电泳设备：电极缓冲液过少、漏液、漏电。

**2. 实验室用电安全**

生物化学实验室用电的地方非常多，对于大功率电器一定要使用专用的插座，否则很容易把插座烧毁；对于一些精密仪器必须配备专用稳压器，以防由于电压不稳造成精密仪器的损伤；特殊仪器需要配备备用电源，防止意外断电带来不可挽回的损失。

如遇突发停电，一定要把大部分照明电、空调以及其他贵重仪器电源关闭，防止突然恢复供电时，所有仪器同时启动导致电流过大而发生短路。

**3. 实验室用气安全**

因实验室常使用的气体钢瓶一直处于高压状态，若发生倾倒、遇热或不规范操作时都可能引发爆炸。钢瓶压缩气体除易爆、易喷射外，有些气体还具有易燃、有毒、具腐蚀性等特点。

实验室用气安全主要包括：①正常安全气体钢瓶表面要有清楚的标签、合格证，注明气体名称，气瓶具有颜色标识；②在搬运气体钢瓶时，应给钢瓶套上安全帽，使用专用钢瓶车小心搬动；③应尽可能减少存放在同一个实验室内的钢瓶数量，并予以固定，防止倾倒；④气体钢瓶应避免暴晒，远离热源、腐蚀性材料和潜在的冲击；⑤气体钢瓶使用时必须保证减压阀和出气阀完好无损，以防发生泄漏。

**4. 实验室声安全**

在实验室进行细胞破碎、超声探测、器皿清洗等工作时,人员易受到来自超声波所带来的噪声危害。实验室内的超低温冰箱等大型仪器也是比较大的噪声污染源。

实验室工作过程中要注意防止或降低各种噪声的产生:①尽可能使用噪声小的仪器设备,减少对大噪声设备的使用频次,从源头上防止噪声的发生;②尽可能减少人员在噪声环境中暴露的时间;③做好噪声传播途径的防控,如采用真空环境进行隔离,或将噪声严重的仪器设备放置在远离人员活动的区域。

**5. 实验室光安全**

生物化学实验室常用紫外线灯消毒,要注意相应的使用规范。

紫外线灯消毒室内空气时,房间内应保持清洁干燥,关闭门窗、拉上窗帘,黑暗的环境更利于紫外线发挥杀菌作用。消毒后,立即关闭紫外线灯,打开门窗,充分通风换气后人员方可进入室内。

紫外灯照射时,禁止有人在场,避免因紫外线直射造成对人的眼睛和皮肤产生伤害。如确需在紫外线下工作,应切实加强个人防护。使用紫外分析仪时,手不可裸露在紫外灯下。

延伸阅读　之二　实验室常见安全标志

## 第二节　实验室事故处理方法

生物化学实验室的工作人员必须时刻树立牢固的安全意识,用严肃认真的态度对待实验过程,熟悉所用仪器和试剂的性质,严格遵守安全守则和操作规则,切实防止和避免事故的发生,一旦出现意外事故,应积极采取有效应对措施。

### 一、实验室灭火

实验室若发生起火事件,应保持镇静,切不可惊慌失措。立即切断室内一切火源和电源后,根据火情性质正确进行抢救和灭火。

**1. 对于电气设备引起的火灾**

切记不能用水及二氧化碳灭火器灭火,应切断电源,使用四氯化碳灭火器进行灭火。

**2. 对于木制品、纸纤维等普通可燃物引起的火灾**

首先切断电源和火源,然后利用水、沙土、常见灭火器等进行灭火。

**3. 对于可燃性液体或活泼金属等易燃化学品引起的火灾**

在乙醇、甲醇、乙醚、甲苯等可燃液体或固体燃着时,立即挪开着火区域内的一切可燃物质,关闭通风器,防止扩大燃烧。若着火面积较小,可用湿抹布、灭火毯或沙土覆盖,隔绝空气使之熄灭。但覆盖时要轻,避免碰坏或打翻盛有易燃溶剂的玻璃器皿,导致更多的溶剂流出而使火况增大。

（1）对于乙醇及其他可溶于水的液体引起的着火，可用水进行灭火。

（2）对于汽油、乙醚、甲苯等有机溶剂引起的着火，可采用石棉布或沙土进行扑灭。绝对不能用水灭火，否则反而会扩大燃烧面积。

（3）对于金属钠引起的着火，可采用沙子进行覆盖灭火。

需要强调的是，如不慎将衣服烧着，切忌慌忙奔走，应立即躺在空地上，来回滚动来灭火。发生火灾时应注意保护现场。较大的着火事故应立即报警。

## 二、实验室急救

实验中如不慎受伤，应冷静沉着，并采取适当的急救措施。

**1. 玻璃割伤及其他机械损伤**

首先对伤口进行检查，确认伤口内是否有玻璃或金属等碎物片。如有异物，应小心取出。用硼酸水冲洗，再擦涂碘酒，必要时辅以纱布包扎。如果因伤口较大或过深而大量出血，应迅速在伤口上部和下部扎紧血管进行止血，然后立即到医院诊治。

**2. 烫伤**

轻度烫伤可用 90%~95% 乙醇消毒后，涂抹苦味酸软膏。对于一级烫伤，伤处红痛或红肿，可用医用橄榄油或用棉花蘸乙醇敷盖伤处。对于二级烫伤，皮肤起泡，注意不要弄破水泡，切忌剪除表皮，防止感染。对于三级灼伤，伤处皮肤呈棕色或黑色，应先用干燥而无菌的消毒纱布轻轻包扎好，然后前往医院进行治疗。

**3. 冻伤**

迅速脱离低温环境和冷冻物体，把冻伤部位置于 40℃（不要超过）的温水中浸泡 20~30 min，使其尽快复温。严禁火烤、冷水浸泡、猛力捶打等方式作用于冻伤部位。

**4. 眼睛灼伤或掉进异物**

立即用手将眼皮张开，持续用大量清水冲洗 15 min 以上，不可用稀酸或者稀碱。若有玻璃碎片入眼，尽量保持平静，绝不可用手揉擦，不可自取，不可转动眼球，可任其流泪，如无效则用纱布轻轻包住眼部急送医院。木屑、尘粒等其他异物，可由他人翻开眼睑用消毒棉签轻轻取出，或任其流泪，待异物排出后，再滴入几滴鱼肝油。

**5. 化学试剂灼伤**

若是强碱（氢氧化钠、氢氧化钾等）、碱金属（钠、钾等）触及皮肤而引起灼伤，先用大量自来水冲洗，再用 5% 硼酸溶液或 2% 乙酸溶液涂洗。若发生在面部，可使用 5% 氯化铵溶液进行涂洗。若是强酸、溴等触及皮肤而引起灼伤，应立即先用大量自来水冲洗，再以 5% 碳酸氢钠溶液或 5% 氢氧化铵溶液洗涤。如果皮肤不小心粘上浓硫酸，切忌直接用水冲洗，应先用棉布吸取浓硫酸后再用大量水冲洗，接着用 3%~5% 的碳酸氢钠溶液中和，最后用水冲洗，必要时涂上甘油；若有水泡，应涂上龙胆汁。若是酚触及皮肤引起灼伤，应先用 10% 的乙醇反复擦拭，再用大量的水清洗，直至无酚味，最后用饱和硫酸钠湿敷。

**6. 汞中毒**

汞容易由呼吸道进入人体，也可以经皮肤直接吸收而引起积累性中毒。实验中若不慎中毒时，应立即将患者转移到空气新鲜处，换去被污染的衣服，及时清洗被污染的皮肤，送医院急救。急性中毒时,应立即用碳酸氢钠或温水洗胃催吐,然后口服生蛋清、牛奶或豆浆以吸附毒物,再用硫酸镁导泻。

**7. 触电**

如有人员触电,必须先断电后救人。如果离触电电源开关较近,要迅速断开开关;如果开关较远,可用干木棍、竹竿等绝缘物使人与电线脱离。挑开的电线应放置妥善,以免别人再触电。急救时,施救者必须做好防止触电的安全措施,手或脚必须绝缘,切忌用手、脚等直接接触受害者。切断电源后,若受伤者尚能呼吸,则立即送医院治疗;若已停止呼吸,应立即施以人工呼吸。

## 第三节 实验室环保规范

生物化学实验室包括大量的化学废弃物、活体生物废弃物(如转基因动植物种苗和种子等)以及放射性废弃物等。生物化学实验室的环保主要涉及化学废弃物及活体生物废弃物的处理,具体可分为一般性废弃物、化学性废弃物、生物性废弃物和锐利废弃物等类型。

### 一、一般性废弃物

一般性废弃物又称无害废弃物,指常见的、对环境和人体相对安全的固体、液体或气体废弃物。一般性废弃物通常包括实验过程中产生的非接触危害性化学试剂、放射性同位素、生物活体材料的废纸、废纱布、橡胶、琼脂、SDS-PAGE 胶、琼脂糖凝胶、擦手纸、棉签、锡箔纸、保鲜膜、一次性手套、帽子、口罩以及塑料制品等。其本质无害,且无潜在危害。

实验室产生的一般性废弃物可以放入实验室一般性废弃物专用蓝色垃圾袋,按照一般生活垃圾进行处理。对于其中的一般性固体废弃物可参照一般生活垃圾通过填埋或焚烧进行处理,并注意以下几点:①尽量减少废弃物的产生;②对纸、玻璃、食物和其他可生物降解的有机物质应尽可能进行回收;③必须在指定的地点进行填埋或焚烧;④若与日常废弃物一起处理,应符合有关规定。

### 二、化学性废弃物

化学性废弃物是指生物化学实验室内产生的沾染过危害性化学试剂的废弃物。该类废弃物往往具有一定的毒性、腐蚀性、易燃性、反应性或遗传毒性等,因此,从其产生到处理完成的全过程都必须十分注意安全。

实验室要严格遵守国家环境保护工作的有关规定,遵循"减少产生、及时收集、集中存放、分类处理"的原则,有效控制该类废弃物的生成,建立"即生即收"的观念和制度,减少其扩散、污染的时间,设立指定的废弃物收集区进行集中存放,按照废弃物的性质、形态特征进行分类,并定期采用不同的方法进行安全处理。具体来讲,对液体或固体类化学性废弃物,可按有机废液、无机废液、过期药品、包装物和剧毒品等进行分类收集。分类收集时,须遵循以下原则:容器标签必须明确标注废弃物种类、贮存时间等信息;禁止把不同类别或会发生反应的废液或过期药品混放;剧毒废液或过期药品必须落实单独收集,禁止将其与普通危险废弃物进行混放;严禁将非危险废弃物作为危险废弃物收集;应防止废液的溅洒和渗漏；废液桶或纸箱内存放的危险废弃物不应过满；当废弃物收集到一定量时，及时联系相关具有资质的单位统一处理。

凡是能产生气体类型化学性废弃物的实验都须在通风橱（柜）中进行，对产生有害气体的实验必须进行合适的吸收处理或通过与氧充分燃烧，达到安全处理的目的。

### 三、生物性废弃物

生物性废弃物包括动植物活体、作废的动植物标本、动植物组织块、微生物（细菌、放线菌、酵母菌和霉菌等）培养物、细胞株等生物性废弃及沾染物、染色液等，其对人类和动植物的健康、物种生态安全具有极大的潜在危害，管理不善或处置不当可能造成疾病的流行或某些有害生物的疯狂生长，进而破坏生态环境。

对于植物组织、水果、花卉、木材等废弃物可以装于密闭容器内，在 60~120℃ 下烘干 1~2 h 后，做焚烧或深埋处理。

动物血液、分泌物、皮张、蚕茧、胚胎、肉、奶、蛋等废弃物需高压灭菌后，集中贮存，妥善保管，最后做深埋或焚烧处理；对动物活体或种苗废弃物一般也应采取高压灭菌后，集中贮存，妥善保管，统一做深埋或焚烧处理。对于生物化学实验中，由纤维素、淀粉、蛋白质、动植物油脂等产生的大量天然有机化合物残渣，因其在自然界很容易被微生物分解，可用大量水稀释后直接冲走。

微生物废弃物环保处理时应选择消毒剂浸泡、高压灭菌和焚烧等方式。对于一次性使用的材料，可在高压灭菌后进行焚烧或直接焚烧；对于可反复利用的材料（如锥形瓶、平皿、玻璃移液管、剪子、镊子及工作服等）应先进行浸泡消毒、高压灭菌，再洗涤，或直接高压灭菌后洗涤。

### 四、锐利废弃物

锐利废弃物是指所有能穿透皮肤的废弃物。在生物化学实验室里，常用的注射器、针、解剖刀、毛细管、破损的玻璃器皿以及其他任何可以穿破聚乙烯包装袋的物品等都属于此类废弃物。

针对锐利废弃物可造成刺破或划破伤，并在损伤时造成危害性化学药物或病原微生物进入人体的特点，实验室应尽量减少使用可生成锐利物的用品，加强对锐利物的管理，不应与其他废弃物混放。

锐利物必须按化学有害性、放射性和感染性废弃物贮存条件分别贮存，根据性质做好分类处理。例如，玻璃碎片、破裂或废弃的玻璃器皿应存放于有颜色（建议红色或黄色）的耐扎容器中，容器内应套有黄色或红色的塑料袋，容器表面应有损伤性废弃物或"该容器仅用于存放玻璃"等标识；废弃的紫外灯管应放在指定地点，并注明"已用过的紫外灯管"。

特别要注意的是，对注射针头和其他针形物，千万不要用手去改变针具的外形及破坏其与附属物的连接，必须排净联针的附属物（如注射器）内的液体，丢入硬质、防刺破的容器内。对于打碎的玻璃器皿，不要用手直接去捡拾。

# 第二章 生物化学实验基础技能

本章重点介绍玻璃仪器的洗涤、试剂的配制、实验误差与数据处理、实验记录与实验报告等与生物化学实验有关的基础技能，为学生独立开展实验、做好实验数据记录、进行实验数据处理、撰写高质量实验报告等提供指导和参考。

## 第一节 玻璃仪器的洗涤

生物化学实验中所使用的玻璃仪器清洁与否，直接影响实验结果。玻璃仪器的不清洁或被污染有可能造成较大的实验误差，甚至产生错误的结果。因此，每次实验前必须做好玻璃仪器的洗涤清洁工作，实验完毕后及时洗净、干燥备用。

### 一、初用玻璃仪器的清洗

新购买的玻璃仪器表面常附有游离的碱性物质，可先用洗衣粉（肥皂水或去污粉）等洗刷后再用自来水洗干净，然后浸泡在1%~2%盐酸溶液中过夜（不少于4 h），再用自来水冲洗，最后用纯水冲洗2~3次，于80~100℃烘箱内烤干或倒置晾干备用。

### 二、使用过的玻璃仪器的清洗

**1. 一般玻璃仪器**

如试管、烧杯、锥形瓶等，先用自来水洗刷至无污物，再选用大小合适的毛刷蘸取洗衣粉（肥皂水或去污粉），将器皿内外（特别是内壁）细心刷洗；或浸泡在0.5%的清洗剂中超声清洗（比色皿除外）。用自来水冲洗干净后，再用纯水冲洗2~3次，烤干或倒置在清洁处，干后备用。凡洗净的玻璃器皿，不应在器壁上挂有水珠，否则表示尚未洗干净，应再按上述方法重新洗涤。若发现内壁有难以去掉的污迹，应分别使用洗涤剂予以清除，再重新冲洗。

**2. 量器**

如移液管、滴定管、量瓶等，使用后应立即浸泡于凉水中，勿使物质干涸。工作完毕后用流水冲洗，以除去附着的试剂、蛋白质等物质。晾干后在铬酸洗液中浸泡4~6 h（或过夜），再用自来水充分冲洗，最后用纯水冲洗2~4次，风干备用。

**3. 其他**

具有传染性样品的容器，如病毒、传染病患者的血清等污染过的容器，应先进行高压（或其他方法）消毒后再进行清洗。盛过各种有毒药品，特别是剧毒药品和放射性同位素等物质的容器，必须经过专门处理，确定没有残余毒物存在后方可进行清洗。

## 三、比较脏的器皿或不便刷洗的器械的清洗

比较脏的器皿或不便刷洗的器械，如吸管等，可先用软纸擦去可能存在的凡士林或其他油污，用有机溶剂（如苯、煤油等）擦净，再用自来水冲洗后控干，然后放入铬酸洗液中浸泡过夜。取出后用自来水反复冲洗直至除去洗液，最后用纯水洗数次。

## 四、石英和玻璃比色皿的清洗

因为强碱会侵蚀抛光的比色皿，所以，清洗比色皿时不可使用强碱，可用洗液或 1%~2% 的去污剂浸泡，然后用自来水冲洗。若使用绸布包裹的小棒或棉花球棒刷洗比色皿，效果会更好。对于有色物质污染的比色皿可用 3 mol/L 的盐酸-乙醇等体积混合溶液洗涤。清洗干净的比色皿内外壁应不挂水珠。

## 五、塑料器皿的清洗

聚乙烯、聚丙烯等制成的塑料器皿，在生物化学实验中已用的越来越多。对于第一次使用的塑料器皿，应首先用 8 mol/L 尿素（用浓盐酸调 pH = 1）清洗，再依次用纯水、1 mol/L 氢氧化钾和纯水清洗，然后用 3~10 mol/L 乙二胺四乙酸除去金属离子的污染，最后用纯水彻底清洗。以后每次使用时，可用 0.5% 的去污剂清洗，再直接用自来水和纯水洗净、晾干，即可使用。

## 六、玻璃器皿的干燥

生物化学实验所用的玻璃器皿在清洗之后还需要采取不同的方法进行干燥处理。

**1. 晾干**

对于不急用或使用时对水分没有严格要求的玻璃器皿，可在纯水冲洗后，倒置于干净的实验柜或容器架上，以控去水分，自然晾干即可。

**2. 烘干**

将洗净的器皿控去水分后，平放或使器皿口朝下，放置在搪瓷盘内，置于 105~110 ℃ 烘箱 1 h 左右烘干备用。也可以放在红外灯干燥箱中烘干。此方法适用于一般的玻璃器皿。带实心玻璃塞的器皿和厚壁器皿烘干时，要注意慢慢升温并且温度不可过高，以免破裂。要注意的是，对于量器、量具等，切不可放于烘箱中烘干。

**3. 热（冷）风吹干**

急于干燥的器皿或不适于放入烘箱的较大的器皿可采用吹干的办法。开始用冷风吹 1~2 min，然后用热风吹至完全干燥，再用冷风吹去残余蒸汽。

**4. 用有机溶剂干燥**

一般为避免影响带有刻度的玻璃器皿精度，不宜采用加热的方法进行干燥。可在已控去水分的器皿中倒入少量乙醇、丙酮（或最后再用乙醚），把器皿倾斜，转动器皿，使器壁上的水与有机溶剂充分混合，然后倾出，残留在器皿内的混合液将很快挥发而使器皿干燥。注意，采用该法时要确保通风，严禁明火。

## 第二节　试剂的配制

生物化学实验中有一定数量的实验是针对具有生物学活性的蛋白质和核酸等生物大分子的定量分析。这些生物大分子的生物学活性、理化性质(溶解度、吸光性、电泳和层析行为等)及其特定的立体构象极易受其所处的环境因素(溶液 pH 值、温度、盐浓度、某些化学物质等)的影响。因此，实验时必须提供严格的实验条件。

### 一、生物化学实验室使用的纯水

生物化学实验中用于溶解、稀释和配制溶液的水，都必须先经过纯化。根据实验分析的要求不同，对水质的要求也随之不同。生物化学实验中经常使用的多为蒸馏水或去离子水。

蒸馏水是将自来水在蒸馏装置中加热汽化，然后将蒸汽冷凝即制得。由于杂质离子一般不挥发，所以蒸馏水中所含杂质比自来水少得多，虽比较纯净但仍有少量杂质。为了获得比较纯净的蒸馏水还可以进行重蒸馏，乃至第三次蒸馏或用石英蒸馏器再蒸馏。

去离子水是通过离子交换树脂除去水中的离子态杂质而得到的近于纯净的水。制备时，一般将水依次通过阳离子树脂交换柱、阴离子树脂交换柱、阴阳离子树脂混合交换柱，其纯度高于蒸馏水。

### 二、试剂的配制

**1. 常规试剂的配制**

(1)固体试剂配制溶液

①按质量分数(百分浓度)配制溶液：首先，计算配制一定质量分数的溶液所需要的固体试剂的质量，用电子天平准确称取固体试剂后倒入烧杯。接着，量取所需体积的纯水倒入烧杯内，用玻璃棒搅动，待固体试剂完全溶解后，用容量瓶定容即得所需溶液。最后，将配制好的溶液倒入试剂瓶中，贴上标签，贮存备用。

②按物质的量浓度配制溶液：首先，根据要求计算出配制一定摩尔浓度溶液所需要的固体试剂的质量。接着在电子天平上准确称取固体试剂并放入干净的烧杯中，加适量纯水，用玻璃棒搅动，待固体试剂全部溶解后将溶液转移到与所配溶液体积相对应的容量瓶中。然后，用少量纯水洗涤烧杯 2~3 次，洗涤液一并移入容量瓶中，并用纯水定容，所得即需配溶液。最后，将溶液移入试剂瓶中，贴上标签，备用。

$$固体试剂的质量 = c \cdot V \cdot M$$

式中：$c$——配制试剂物质的量浓度；

$V$——配制溶液体积；

$M$——固体试剂相对分子质量。

(2)液体试剂(或浓溶液)配制溶液　体积比浓度溶液的配制：按体积比，量取液体(或浓溶液)试剂和溶剂的用量，倒入烧杯中混合，用玻璃棒搅动，混匀，即成所需体积比的溶液。将溶液转移到试剂瓶中，贴上标签备用。当以较浓的准确浓度的溶液来配制较稀的准确浓度的溶液时，先进行计算，然后用处理好的刻度吸管准确吸取所需溶液并注入给定体积的洁净容量瓶中，加入纯水进行定容，混匀后倒入试剂瓶中，贴上标签备用。

$$液体试剂（或浓溶液）的量取体积 = \frac{c_{稀} \cdot V_{稀}}{c_{原}}$$

式中：$c_{稀}$——配制试剂物质的量浓度；

$V_{稀}$——配制溶液体积；

$c_{原}$——液体试剂或浓溶液物质量的浓度。

**2. 标准溶液的配制**

生物化学实验中有时需要用到标准溶液，其配制方法有直接法和标定法两种。

（1）直接法　准确称取一定量的基准化学试剂，溶解后移入一定体积的容量瓶中，加水定容至刻度线后，混匀即可。然后通过试剂的称取质量和定容体积计算出所配标准溶液的准确浓度。

用于直接配制标准溶液的物质必须具备以下条件：①要有足够高的纯度，所含杂质控制在万分之一以下，一般可用基准试剂或优级纯试剂；②物质的组成必须与化学式相符，若含有结晶水，其含量也应与化学式相符，如 $Na_2B_4O_7 \cdot 10H_2O$，结晶水应恒定为 10 个；③要有稳定的性质，在干燥时不会发生分解，称量时不易吸收水分和二氧化碳，不被空气氧化，放置时不变质；④要有很好的溶解性，最好具有较大的摩尔质量，以减少称量时的相对误差。

（2）标定法　对于不能满足基准物质条件的很多试剂，是不适合用于直接配制标准溶液的。实验需要配制此类试剂的标准溶液时，需先配制接近所需浓度的溶液，再用基准物质或用已经被基准物质标定过的标准溶液来进行浓度测定，以确定试剂的实际准确浓度。

## 三、试剂混匀的方法

配制的试剂必须充分搅拌或振荡混匀后方可使用。常用的试剂溶液混匀方法有以下几种。

**1. 搅拌式混匀**

适用于烧杯内溶液的混匀，如固体试剂的溶解和混匀。搅拌时使用两头圆滑、长短合适的玻璃棒。搅拌时，玻璃棒沿着器壁画圈，避免搅入过多的气泡以及溶液的飞溅。

**2. 甩动法**

右手持试管上部，轻轻甩动振摇试管。此法适用于液体较少时。

**3. 旋转式混匀**

适用于锥形瓶、大试管内溶液的混匀。振荡溶液时，手握住容器后以手腕、肘或肩为中心旋转容器，切不可上下振荡。

**4. 弹打式混匀**

适用于离心管、小试管内溶液的混匀。一手持管的上端，另一手的手指弹动离心管；也可以用同一手的大拇指和食指持管的上端，用其余三个手指弹动离心管。手指持管的松紧要随着振动的幅度变化。还可以把双手掌心相对合拢，夹住离心管来回搓动。

**5. 倒转混匀法**

适用于容量瓶、分液漏斗中溶液的混匀。倒持容量瓶，用食指或手心顶住瓶塞，上下颠倒容量瓶；在分液漏斗中振荡液体时，一手在适当斜度下倒持漏斗，用食指或手心顶住瓶塞，另一手控制漏斗的活塞，一边振荡，一边开动活塞，使气体可以随时由漏斗泻出。

**6. 吸管混匀法**

用清洁吸管将溶液反复吸放数次，使溶液充分混匀。成倍稀释某种液体往往采用此法。

**7. 振荡混匀法**

使用振荡器，或将试管置于试管架上，双手持管架轻轻振荡，可使多个试管同时混匀。

## 第三节 实验误差与数据处理

由于分析方法、测量仪器、实验试剂、分析工作者等方面的限制，生物化学实验中测量值与真实值之间往往存在一定的差异，即误差。在了解这些误差的可能来源的前提下，多数的误差是可以通过适当的处理来校正的。

产生误差的原因很多，一般根据误差的性质和来源可把误差分为两类，即系统误差和偶然误差。

### 一、系统误差和偶然误差

**1. 系统误差**

系统误差又称恒定误差，是指在测量过程中因某些经常发生的原因所造成的误差。它对分析结果的影响比较稳定，常在重复实验时重复出现，使测定结果系统偏高或偏低。

系统误差的产生主要源自以下几个方面：

（1）方法误差  既包括实验方法的不恰当，也包括实验设计的不合理等。如用滤纸称量易潮解的药品；做酶学实验时没有考虑温度的影响等。

（2）仪器误差  仪器不准确或不灵敏。如刻度吸管的刻度不准确、天平的砝码未校正等；量取液体时，按烧杯的刻度线量取液体往往准确度降低，需要用量筒量取；在配制标准溶液时量筒同样不够精确，要选用等体积的容量瓶定容至刻度；不同的天平精度差别很大，如称量 1 g 的样品，应选用精度为 0.1 g 或 0.01 g 的电子天平较为合适；而若称量 10 mg 以内的样品则必须使用感量为 0.000 1 g 的分析天平或电子天平。

（3）试剂误差  如试剂不纯或纯水不合格，引入微量元素或对测定有干扰的杂质，就会造成一定的误差。

（4）周围环境的改变  如外界温度、压力、湿度的变化等产生测量误差。

（5）个人的习惯与偏向  如判定滴定终点的颜色程度时，各人的分析判断存在不同；在使用移液管量取液体时，每人的操作手法不同可能会存在一定的操作误差，特别是在读数据时，目光是否平视，视线与液体弯月面是否相切，都可能成为产生较大误差的原因。

**2. 偶然误差**

偶然误差又称随机误差，是指由于难以察觉的、不确定的原因，或个人一时的辨别差异，或某些不易控制的外界因素引起的服从统计规律、具有抵偿性的误差。生物化学实验的影响因素是多方面的，常常某些外在条件（如温度、光照、气流、反应时间、反应体系等）的微小变化都会引起较大的误差。特别是还有些影响因素的作用机理目前仍不十分清楚，所以有些实验结果重现性较差。

偶然误差初看起来似乎没有规律性，但经过多次实验，可发现偶然误差的分布有以下规律：一是正误差和负误差出现的概率相等；二是小误差出现的频率高，而大误差出现的频率较低。实验中，常用精密度、准确度来评价实验结果中误差的大小。分析结果的准确度是指测定值与真实值相符合的程度。准确度是由系统误差和偶然误差所决定的，它反映结果的可靠性。测定值与真实值越接近，说明准确度越高。在相同条件下，多次重复测定的结果间相接近的程度叫作精密度。精密度是由偶然误差所决定的，代表方法的稳定性和重现性。因此，提高实验结果的正确性必须尽可能减少实验误差。

## 二、减少误差的方法

### 1. 减少系统误差的方法

（1）实验前进行仪器校正　在实验前，提前对使用的砝码、容量器皿、仪器等进行校正，对 pH 计等测量仪器进行标定，可以减少误差。

（2）设定空白试验　可以在不加试样的情况下，用同体积的纯水或配制样品溶液的缓冲液来代替待测溶液，其余按与样品测定完全相同的操作条件进行。通过设定空白试验可以消除试剂中存在的干扰物质所可能产生的系统误差，得到比较准确的结果。

（3）设置对照试验　用标准样品代替试样，在与样品测定完全相同的操作条件下进行测定，以判断反应条件是否合适、仪器是否正常、试剂是否有效等。对照试验是检验方法误差的，所以对照试验也是检验系统误差的有效方法。

此外，还可以通过利用回收率的测定来评价定量分析方法的准确度。取一定量的标准物质，添加到待测的未知样品中，与待测的未知样品同时做平行测定，最后通过实际测定值和理论值来计算回收率。一般的分析方法要求回收率在 95%~105%。系统误差越大，回收率越低。

### 2. 减少偶然误差的方法

在消除系统误差之后，适当增加平行测定次数，取平均值，可以减少偶然误差对分析结果造成的影响。①平均取样：若样品为动植物新鲜组织，可制成匀浆后进行取样；若为固体样品，可以在取样前进行粉碎混匀。②多次取样：可进行多次取样平行测定，然后取算术平均值，以减少偶然误差。

## 三、数据处理方法

对实验中所取得的一系列数据，采用适当的软件或分析方法加以整理，可以准确反映出被研究对象的数量关系。在生物化学实验中，通常采用列表法或图示法展示实验结果，使结果表达清晰明了，而且可以减少和弥补某些测定的误差。

### 1. 列表法

将实验所得的数据用适当的表格列出，并表示出它们之间的关系。通常，数据的名称与单位写在标题栏中，表内只填写数字。数据应正确反映测定的有效数字，必要时应计算出误差值。有的表格还需要根据实际情况，添加反应条件的描述，如"水浴中加热 5 min"等。

**2. 图示法**

通常，可用图形或折线等形式直观地表示实验所得的数据与条件参数之间的关系及其变化情况。图示法比较适用于实验数据较多、不易清楚地表示数据间关系的情况。作图时，通常先在坐标纸上确定坐标轴，标明坐标轴的名称和单位，然后在横轴和纵轴上对应着找出实验数据所处的交叉点，用"×"或"●"标注上，再用直线或曲线把各点连接起来，也可绘制柱形图等。此外，在图上还应标明标题及单位，以保证数据展现的真实度和准确度。

标准曲线的绘制也是生物化学实验必备的一项基本技能。在对已知浓度的标准样品进行一系列梯度测定后，绘制出标准曲线，那么待测目标样品的相关数值可直接从中查出结果。绘制标准曲线时，至少要有 5 个以上的数据点，图形必须平滑，可不通过所有的点，但要求线两旁偏离的点分布较均匀。画线时，个别偏离较大的点可舍去或通过重复实验来校正。

## 第四节　实验记录与实验报告

由于生物化学实验的对象是生命体或生物活性物质，在实验中很容易受到外界环境条件的影响，进而引起实验结果的误差或不理想。因此，在实验数据记录和实验报告撰写时，要求实验者做到严谨、认真、求实。

### 一、实验记录

实验记录是指在进行科学研究的过程中，通过采用实验、观察、调查或资料分析等方法，根据研究实际情况直接记录或统计而形成的各种数据、文字、图表、图片、照片、声像等原始资料。

**1. 实验记录的要求**

（1）实验记录应当在记录本或记录纸上完成，注意保持整洁、完整，不得随意缺页或挖补。记录时，最好使用不易褪色的黑色或蓝黑色墨水笔，尽量少使用铅笔。

（2）实验记录时，应当用字规范，字迹工整，使用规范、科学的专业术语、计量单位及外文符号。对于首次出现的外文缩写（包括实验试剂的外文缩写）须注明全称及中文释名。

（3）实验记录必须做到及时、真实、准确、完整，防止漏记和随意涂改。实验过程中应如实、完整地记录具体操作、实验中观察到的现象、对异常现象的处理方法，分析产生异常现象的可能原因及影响因素等。

（4）实验中，关于生物材料的来源、形态特征、选用的组织及其重量，以及配制溶液的过程、加样的体积、使用仪器的类型和所用试剂的规格、相对分子质量、浓度等，需要全部记录清楚，以便在总结实验时进行核对或作为查找实验失败原因的依据。另外，对实验时的环境条件（如温度、湿度、光度等）及反应时间等也要认真记录。

（5）原始数据记录应及时、准确。实验中的所有原始数据都应被及时、清晰地记录下来，包括重复观测等出现的完全相同的数据。记录实验数据时，注意有效数字的取舍应符合实验要求，这取决于实验方法与所用仪器的精确程度。例如，吸光度值应记录为"0.260"，而不能记录为"0.26"；万分之一分析天平上称得某材料或试剂重"0.359 0 g"，则不能简单记录为"0.359 g"。

（6）计算机、自动记录仪器打印的图表和数据资料等应按顺序粘贴在记录本或记录纸相应位置上，并注明实验日期。不易粘贴的，可另行整理装订成册并加以编号，同时在记录本相应处注明标明，以便查对；实验图片、照片应粘贴在实验记录的相应位置上。

**2. 实验记录的运用**

实验记录完成后，应及时对数据进行整理，探究和分析实验中的细节和规律。如发现实验记录的结果有怀疑、遗漏、丢失等，应考虑重复实验，以期获得可靠的结果。

## 二、实验报告

实验报告是通过实验中的观察、分析、综合、判断，如实地把实验的全过程和实验结果用文字形式记录下来的书面材料。实验结束后，应及时整理和总结实验结果，按照要求写出实验报告。撰写实验报告时，文字要简练、书写应整洁，体现原始性、纪实性、实验性的特征，并坚持正确性、客观性、确证性、可读性的原则。

实验报告的形式可参照下列格式：

实验（编号）　实验名称

一、实验目的
二、实验基本原理
三、实验简要操作步骤
四、实验注意事项
五、实验现象与结果
六、实验结果分析与讨论
七、思考题

"实验目的"主要指实验预期应达到的教学要求。一般包括实验者在理论上获得深刻和系统的理解，在实践上掌握实验方法、实验设备等使用技能。

"实验基本原理"应简明地阐述实验的理论指导和实验采用的方法。

"实验简要操作步骤"一般列出主要操作步骤，不要完全照抄实验指导书，应注意有所侧重，重点难点突出。对实验操作中的关键步骤和环节必须详细描述，其他实验步骤可简明扼要地列出并指明操作要点；也可采用工艺流程图、反应式或表格的形式，按照先后顺序表示，再配以相应的说明文字，使实验报告简明扼要、清楚明白，以便他人能够重复验证。

"实验注意事项"是对所从事的实验过程必须注意的一些操作事宜的指明，往往是事关实验成败的关键性要点，必须认真梳理总结，描述清楚。

"实验现象与结果"是如实记录实验过程中观察到的各种现象以及测得的各项原始数据，包括颜色反应中出现的颜色及其变化，沉淀反应中发生沉淀的颜色、体积、状态（胶状还是颗粒状)和生成条件等,不同实验条件下的吸光度值等。

"实验结果分析与讨论"是根据实验要求对获得的实验现象和结果进行整理、归纳、分析,最终可以明确:通过实验可以验证什么理论、实验现象和结果有什么意义、说明了什么问题。对实验现象与结果的分析应尽量总结成各类图表,如制作的标准曲线图、实验组与对照组实验结果对比图表等。此外,还应尽可能多地查阅有关文献,充分运用已学过的知识和生物化学原理,对实验方法、操作技术及其他有关实验的一些问题进行深入探讨,勇于提出自己的分析和见解,并对实验设计、实验方法等提出合理的改进意见,表述对实验设计的认识、体会和建议等。

**延伸阅读　之三　"千分位误差"的启示**

# 第三章 生物化学实验材料的取样与预处理

在生物化学实验中，无论是分析组织中各种物质的含量，或是探索组织中的物质代谢过程，皆需利用特定的生物样品。生物化学实验结果的准确性，除取决于实验方法和技术的选择是否适合以及全部实验工作是否严格按照要求进行外，在很大程度上还取决于使用的样品是否有最大的代表性、预处理的方式是否正确。

## 第一节 生物化学实验材料的选择和取样

### 一、材料的选择

生物化学实验主要分为两类：一类是以通过制备从而获得一定纯度的物质为目的，即制备性实验；另一类是通过定性定量分析，以了解生物体的代谢状况、样品品质等为目的，即分析性实验。

对于制备性实验，一般动物、植物和微生物都可以作为制备的原料。根据实验目的的选取材料时，主要应考虑以下方面：目标物含量高的新鲜材料，来源丰富、易得，提取制备工艺简单易行，制备成本较低，综合利用价值较高，经济效益好。在实践过程中，要全面考虑、综合权衡。

对于分析性实验，材料的选择和取样应根据具体的实验目的来确定。例如，在研究植物的光合作用时，最好选取植物叶片作为实验材料；在研究动植物的品质变化时，则最好选取研究对象的可食部分。

### 二、取样方法

取样是保证生物化学实验效果的关键环节，一般应遵循如下原则：①要具有代表性和均匀性；②尽量选用新鲜的组织材料；③应准确、快速、充足；④使用清洁的取样工具。下面分别对植物、动物和微生物样品的取样方法进行阐述。

**1. 植物样品**

从大田、实验地或组培器皿中采集的植物样品，为原始样品。根据原始样品的种类，如根、茎、叶、花、果实、种子等，从中分别选出平均样品。在实验室，依据实验目的、要求和样品种类的特征，采用一定的方法再从平均样品中选出供实验用的样品，则为分析样品。

（1）原始样品的取样法　主要包括随机取样法和对角线取样法。

①随机取样法：在大田或实验地取样时，取样点的数目视场地大小而定。选好点后，随机采取一定数量的样株，或在每一个取样点上按规定的面积从中采取实验样株。

②对角线取样法：在生长均一的情况下，可按对角线在大田或实验地选定 5 个取样点，每个点上随机取一定数量的样株，或在每个取样点上按规定的面积取样。需要注意的

是，采取的样品要有代表性。如植株生长不很均一，则应根据其生长的强弱，按比例将采取的样品混合。

有时取样方式也取决于植物的种类，如小麦等密植型植物，可以按面积从中采取植株，而像玉米等其他农作物，每一采样点采取一株即可。

（2）平均样品的采取法　包括混合取样法和按比例取样法两类。

①混合取样法：一般颗粒状（如种子等）或已碾磨成粉末状的样品可以采取该法。具体操作如下：将选好的收获种子先进行脱粒，然后在木板（或玻璃板、牛皮纸）上铺成均匀的一层，按照对角线把样品划分为四等份。将相对的两个三角形的样品去除，剩余的两个三角形的样品再重新混合取样。反复操作，每次淘汰50%的样品，一直淘汰至达到所要求的数量为止。这种取样的方法叫作四分法。四分法所取得的平均样品，经过适当的处理即可制成分析样品。但应注意，样品中不要混有未成熟的种子及其他杂物。

②按比例取样法：对生长不均一的作物、果品等材料进行取样时，应将原始样品按不同类型的比例混匀后，从中选取平均样品。例如，在选取甘薯、甜菜、马铃薯等块根或块茎材料的平均样品时，应按大、中、小3种的比例分别取样，再将一个样品纵切，各取每块的$1/4$、$1/8$、$1/16$，混合组成平均样品。

需要注意的是，在采取果树果实的平均样品时，树龄、株型、生长势、载果数量和果实着生的部位及方向是影响较大的因素，应在不同影响条件下随机取样，再按比例取样混匀成平均样品。

**2. 动物样品**

动物样品与植物样品取样方法基本类似，具体来讲：在进行动物样品品质的分析时，可选择混合取样法；在进行蛋类产品品质分析时，可选择随机取样法；分析奶类产品品质时，一般选择将原始样品混匀后从中重复取样；分析肉类样品时，可根据具体目的和要求从不同部位采样后进行混合，或从多只动物的同一部位采样进行混样；分析动物体液（如血液、尿液等）时，要考虑实验动物的饮食、生理活动等情况。有时也可按不同发育期取样，取样时要随机选择实验对象，并注意大、中、小的比例。

**3. 微生物样品**

自然界含微生物的样品极其丰富，如土壤、水、空气、腐烂水果、枯枝败叶、植物病株等，都含有很多微生物。一般根据实验目的选择相应的环境或地区进行样品采集。土壤所含微生物的种类最多，因而往往被作为采集目标的首选。进行土壤微生物采样时，首先用取样铲铲去土壤表层5 cm左右厚度的浮土，再挖取5~25 cm深处的土样10~25 g，装入样品袋中，封口，编号，详细记录采样地点、时间、土壤质地、其他环境条件等信息。采样后应立即送回实验室进行微生物的分离，如不能及时进行操作，可事先用选择性培养基做好试管斜面，取采样土壤3~4 g，均匀撒到斜面上，以避免菌株的死亡。

延伸阅读　之四　四膜虫与诺贝尔奖

## 第二节　生物化学实验材料的预处理

材料取定后，要进行常规的预处理才可进行后续实验。这里简述植物、动物和微生物样品的常规预处理方法。

### 一、植物样品的预处理

#### 1. 种子样品

一般情况下，种子样品应首先除去其中的杂质，再进行研磨粉碎。在粉碎种子样品前，应保证机器内部的清洁，最初磨出的少量样品可弃去，然后进行正式磨碎，并使样品全部无损地通过一定筛孔的筛子。粉碎样品混合均匀后，按四分法取样贮存于干燥的、具有磨口玻塞的广口瓶中，同时贴上标签，注明样品的名称、采集地点、日期、处理方法和采集人姓名等。如需长期保存的，为防止样品生虫，还要用蜡封，必要时可以在容器中放入樟脑或二氯甲苯。

芝麻、亚麻、花生等油料作物种子因含油量较高，为保证分析的准确性，则不建议使用磨粉机磨碎，否则样品中所含的油分易吸附在磨粉机上形成残留，影响分析的准确性。针对这类种子样品，应取少量放在研钵中磨碎或用切片机切成薄片作为分析样品。

#### 2. 茎叶样品

采回的新鲜植物茎叶样品，需根据用途进行净化、杀青、烘干等一系列预处理。具体来说：净化，即对采回的新鲜植物样品用柔软湿布擦去上面的泥土等杂质，不应用水冲洗；杀青，是将样品置于 105 ℃的烘箱中杀青 15~20 min，及时终止样品中酶的活性，保持样品中的化学成分不发生变化；烘干，即在样品经过杀青之后，立即降低烘箱的温度至 70~80 ℃，维持 8~12 h 直到样品烘干至恒重为止，注意温度不宜过高。

烘干后的茎叶样品，均要进行磨碎、过筛。需要注意的是，粉碎茎秆时所使用的粉碎机与种子粉碎机型号不同，应根据样品特性选择合适的粉碎机。

#### 3. 多汁样品

番茄、葡萄、马铃薯、甜菜等这类多汁样品的化学成分在长期贮存中易发生变化，因此，这类实验对象应选用新鲜样本。预处理时，将这些植物的平均样品切成小块后直接置于组织捣碎机中捣碎。如果样品含水量极少（如甜菜），可以根据其质量加入 0.1~1 倍水后，再捣碎。如不能及时测定，可将其暂存冰箱进行低温保存。而像白菜、菠菜等体积较大的蔬菜，预处理时可以采取先干燥再磨碎的方法。

此外，在测定植物样品中酶的活性或某些成分（如维生素 C、DNA 或 RNA 等）的含量时，最佳选择是使用新鲜样品，并且取样后立即进行提取检测。如果不能立即检测，可冻存在液氮中，或通过冷冻真空干燥法制得干燥制品。如果新鲜样品已经进行了匀浆，尚未完成提取、纯化及分析测定等环节，也可暂时加入防腐剂（甲苯、苯甲酸），以液态形式保存在缓冲液中，置于 0~4 ℃冰箱贮存，但是时间不宜过长。

#### 4. 丙酮干粉的制备

在分离、提纯或测定某种酶的活性时，丙酮干粉法是常用的有效方法之一。此法能除掉脂类物质,有效地抽提出细胞内含物,并使某些原先难溶的酶变得易溶于水。具体方法是:将新鲜材料打成匀浆后置于布氏漏斗中,缓慢加入匀浆液 10 倍质量的 -20~-15℃ 预冷的丙酮,迅速抽气过滤,再用 5 倍体积冷丙酮洗 3 次,室温下放置 1 h 左右至无丙酮气味后,转移到盛有五氧化二磷的真空干燥器内干燥。由于丙酮干粉的制备是在低温下完成的,因此所提得干粉可长期保存于低温冰箱。

## 二、动物样品的预处理

### 1. 动物脏器

以动物脏器组织为原料时,首先要去掉皮筋,再进行脱脂。脱脂时,先人工剥离能去除的脏器上脂肪组织,然后浸入脂溶性有机溶液(如丙酮、乙醚)中。也可用快速加热(50℃左右)、快速冷却的方法,使溶化的油滴凝聚结块的方法,还可采用油脂分离器进行油脂与水溶液的分离。

预处理好的材料,若不立即进行实验,应放入液氮中或超低温冰箱冷冻保存。对于易分解的大分子,应选用新鲜的组织材料,以免动物组织自身分泌的一些破坏性的酶发生降解作用,所以必须立即处理或放入液氮、超低温冷冻保存。对于一些小体积组织,可使用有机溶剂(丙酮和乙醇等)进行脱水处理,再进行干燥或磨粉贮存;也可在沸水中进行蒸煮后烘干,能够长期保存。

### 2. 血液样品

血液样品的采集多在清晨空腹或进食后 4~6 h 进行,采血部位常选择静脉。采血后进行血清、全血及血浆、无蛋白血滤液等形式的制备。

(1) 血清的制备　血清是血液不加抗凝剂而自然凝固后析出的淡黄色清亮液体。制备时,将采集的血液直接注入试管,试管倾斜放置,待血液凝固后,析出的上清液即为血清。也可将血样放入 37℃ 恒温箱内,快速析出血清。此外,还可采用离心机进行分离(未凝或凝固后均可离心)。

(2) 全血及血浆的制备　将刚采集的血液注入已加抗凝剂的试管中,轻轻摇动,使抗凝剂完全溶解于血液中。血液不凝聚,即为全血。将全血于 2 000 r/min 离心 10 min,沉降血细胞后所得的上清液即为血浆。血浆比血清多含一种纤维蛋白,其他成分基本相同。常用的抗凝剂有草酸盐、柠檬酸盐、氟化钠或肝素等。

(3) 无蛋白血滤液的制备　先用沉淀剂对血液中的蛋白进行沉淀,然后通过过滤或离心方法去除沉淀即可。常用的沉淀方法有钨酸法、氢氧化锌法和三氯乙酸法。

### 3. 尿液样品

为防止尿液变质,应适当加入防腐剂。如测定尿液中的含氮物质时,应按每升尿液加 5 mL 甲苯的添加量加入防腐剂;测定激素时,则可加入浓盐酸,用量同前。

### 4. 组织样品

(1) 组织糜的制备　采集组织后,迅速将其剪碎,并用捣碎机绞成糜状;或加入少量石英砂于研钵,研磨至糊状。

(2) 组织匀浆的制备　往组织中加入适量匀浆制备液,用匀浆器磨碎组织。为防止研磨过程产生的热量会影响目标物的活性,可考虑在冰浴中进行匀浆过程。常用的匀浆制备液包括生理盐水、0.25 mol/L 蔗糖溶液或其他特殊缓冲液。

(3) 组织浸出液的制备　上述组织匀浆液经离心后，所得上清液即为组织浸出液。

### 三、微生物样品的预处理

微生物具有种类多、繁殖快、易培养、代谢能力强和不受季节影响等特点，因此常作为生物化学实验研究的主要原料。

预处理时，通常将选用的微生物菌种接入适当的培养液进行培养，然后通过离心法收集上清液。该上清液可在低温下短时间贮存，用于制备胞外酶或蛋白等有效成分。对于离心后收集到的菌体（沉淀），可经细胞破碎处理后从中提取有效成分，或制成冻干粉，贮存于4℃的低温环境下，保持数月内不会发生变质。

延伸阅读　之五　胰岛素的发现：巧妙的实验处理和设计

# 第四章 生物化学实验技术基本原理

生物化学是一门实验性学科,每一项生物化学知识的发现与研究都离不开实验技术的支撑。虽然人类早已在生产实践中运用了各种生物化学技术,但并未形成学科体系。进入20世纪后,生物化学实验技术才真正进入快速发展阶段。本章在简述20世纪以来生物化学实验技术发展的基础上,重点介绍离心技术、层析技术、电泳技术、分光光度技术等常规而重要的生物化学实验技术。

## 第一节 生物化学实验技术发展简史

生物化学实验技术是一门涵盖和融合了多门学科的综合技术体系,有着悠久的发展历史。20世纪中期以来,生物化学实验技术得到了快速的完善和发展。本节将简单回顾与生物化学发展密切相关的重大实验技术的产生历程(表4-1),全面了解生物化学实验技术的发展对生命科学发展所作出的重大贡献。

表4-1 与生物化学发展密切相关的重大实验技术产生历程

| 时间 | 实验技术 | 主要奠基人 | 相关成就 |
| --- | --- | --- | --- |
| 1924年 | 超速离心技术 | T. Svedberg | 准确测定血红蛋白等复杂蛋白质的相对分子质量,1926年获诺贝尔化学奖 |
| 1935年 | 放射性同位素示踪技术 | R. Schoenheimer 和 D. Rittenberg | 对阐明各种生物化学代谢过程起决定性的作用 |
| 20世纪40年代 | 分配层析技术 | A. Martin 和 R. Synge | 可分离复杂生物物质,1952年获诺贝尔化学奖 |
| | 电泳技术 | A. Tisellius | 用于生物分子的分离分析,1948年获诺贝尔化学奖 |
| 20世纪50年代 | 氨基酸自动分析仪 | W. H. Stem、S. Moore 和 D. H. Spackman | 用于蛋白质一级结构的测序 |
| | X-射线衍射技术 | J. D. Watson 和 F. H. C. Crick | 研究DNA结构并在1953年提出DNA双螺旋结构模型,与英国科学家M. Wilkins分享1962年的诺贝尔生理或医学奖 |
| | | M. F. Perutz 和 J. C. Kendrew | 用于蛋白质三维结构分析,后者测定了肌红蛋白的分子结构,是生物大分子空间立体结构研究领域的先驱,二者获1962年诺贝尔化学奖 |
| 20世纪60年代 | 亲和层析技术 | C. B. Anfinsen | 开辟了层析技术的新领域,因研究酶化学的基本理论获1972年诺贝尔化学奖 |
| | SDS-PAGE | K. Weber 和 M. Osborn | 用于测定蛋白质的相对分子质量,推进电泳技术的重大进展 |

(续)

| 时间 | 实验技术 | 主要奠基人 | 相关成就 |
| --- | --- | --- | --- |
| 20世纪70年代 | 限制性内切酶的发现 | W. Arber, H. Smith 和 D. Nathans | 发现限制性内切酶及其在分子遗传学方面的应用,1978年共享诺贝尔生理或医学奖 |
| | DNA分子重组技术 | P. Berg 和 S. Cohen | 标志基因工程技术的诞生,前者因对核酸的生物化学研究,特别是对重组DNA的研究获1980年诺贝尔化学奖 |
| | DNA测序 | F. Sanger 和 W. Gilbert | 建立DNA测序方法,高通量DNA序列分析技术得以快速发展,1980年获诺贝尔化学奖 |
| 20世纪80年代 | 高效毛细管电泳技术 | J. W. Jorgenson 和 K. D. Lukacs | 高效、快速、经济,尤其适用于生物大分子的分析,是生化实验技术和仪器分析领域的重大突破 |
| | 单克隆抗体技术 | G. Kohler, C. Milstein 和 N. Jerne | 完善了极微量蛋白质的检测技术,1984年共享诺贝尔生理或医学奖 |
| | PCR技术 | K. Mullis | 标志着体外DNA扩增技术的诞生,1993年与第一个设计基因定点突变的M. Smith共享诺贝尔化学奖 |
| 20世纪90年代 | 二维核磁共振技术 | R. Ernast | 为生物分子结构的研究提供了新方法,1991年获诺贝尔化学奖 |
| | 寡聚核苷酸定点突变技术 | M. Smith | 应用于研究蛋白质的结构及其与功能的关系、蛋白质分子之间的相互作用,1993年获诺贝尔化学奖 |
| 2008年 | 绿色荧光蛋白(GFP) | 下村修, M. Chalfie 和钱永健 | 一种广泛使用的活体报告蛋白,2008年获诺贝尔化学奖 |

由表4-1总结的近百年来生物化学实验技术的发展史可以看出,生物化学学科的发展与实验技术的发展密不可分,实验技术的每一次新的进展都大大推动了生物化学研究的发展。因此,对于每一位生物化学研究工作者而言,学习并掌握各种生物化学实验技术是极其重要的。

## 第二节　离心技术

离心技术主要用于各种生物样品的分离和制备,在生命科学研究领域已得到广泛的应用。这里简述离心技术的基本原理、离心机的类型、常用离心分离方法等。

### 一、基本原理

在高速旋转产生巨大离心力的作用下,生物样品中悬浮的微小颗粒,如细胞器、生物大分子等,以一定的速度沉降,从而达到与溶液分离的目的。悬浮颗粒的沉降速度取决于颗粒质量、大小和密度。粒子在高速旋转下受到的离心力 $F$ 可由公式 $F = m \cdot a = m \cdot \omega^2 r$ 定义(式中,$a$ 为粒子旋转的加速度;$m$ 为沉降粒子的有效质量;$\omega$ 为粒子旋转的角速度；$r$ 为粒子的旋转半径，单位为 cm）。

通常，相对离心力是指在离心场中，作用于颗粒的离心力相当于地球重力的倍数，单位是重力加速度 $g$（980 cm/s²）。相对离心力可用 RCF 表示，或者用"数字×$g$"来表示，如 25 000×$g$ 表示相对离心力为 25 000，是地球重力的 25 000 倍，此时 $RCF = \dfrac{\omega^2 r}{980}$。

一般情况下，高速离心时单位以 $g$ 表示，而低速离心时单位常以转速 r/min 来表示。如果已知离心机的旋转半径 $r$，则 RCF 和 r/min 之间可以相互换算，这里不做详细介绍。

## 二、离心机的类型

实验室常用离心机可分为制备性离心机和分析性离心机，前者主要用于分离各种生物材料，后者使用了特殊设计的转头和光学检测系统，主要用于研究纯的生物大分子和颗粒的理化性质，依据待测物质在离心场中的行为推断物质的纯度、形状和相对分子质量等。

**1. 制备性离心机**

（1）普通离心机　最大转速在 6 000 r/min 左右，最大相对离心力近 6 000×$g$，分离形式是固液沉降分离，用于收集易沉降的大颗粒物质。转子有角式和外摆式。通常不带冷冻降温系统。

（2）高速冷冻离心机　最大转速为 20 000～25 000 r/min，最大相对离心力为 89 000×$g$，分离形式为固液沉降分离，转头配有各种角式转头、荡平式转头、区带转头、垂直转头和大容量连续流动式转头。一般配有制冷系统，以消除高速旋转转头与空气之间摩擦而产生的热量，离心室的温度可以调节和维持在室温及以下。

（3）超速离心机　转速可达 50 000～80 000 r/min，相对离心力最大可达 600 000×$g$，分离的形式是差速沉降分离和密度梯度区带分离，离心管平衡允许的误差要小于 0.1 g。

超速离心机主要由驱动和速度控制、温度控制、真空系统和转头 4 部分组成。超速离心机的驱动装置是由水冷或风冷电动机通过精密齿轮箱或皮带变速，或直接用变频感应电机驱动，并由计算机进行控制。温度控制是由安装在转头下面的红外线射量感受器直接并连续监测离心腔的温度，比高速离心机的热电偶控制装置更敏感、更准确。超速离心机的真空系统可解决转速超过 20 000 r/min 时，由摩擦产生的热量显著增大的问题，此时，温度的变化将容易控制，摩擦力小，可保证离心所需的超高转速。

**2. 分析性离心机**

分析性离心机都是超速离心机，特殊的在于其能在短时间内，通过光学系统使用少量样品即可观察到生物大分子存在与否，及其大致的含量，检测生物大分子的构象变化，并能计算生物大分子的沉降系数、相对分子质量。通常，分析性离心机的转头通过一个有柔性的轴连接到高速驱动装置上，转头上有 2～6 个可装载扇形石英制的透光离心杯的小室。在分析离心杯中物质沉降情况时，重颗粒和轻颗粒之间所形成的界面像一个折射的透镜，监测结果在检测系统的照相底板上产生了一个"峰"，由于沉降不断进行，界面向前推进，因此峰也移动，从峰移动的速度可以计算出样品颗粒的沉降速度。

## 三、常用的离心分离方法

### 1. 差速沉降离心法

即采用逐渐增加离心速度或低速和高速交替进行离心，使沉降速度不同的颗粒，在不同的离心速度及不同离心时间下分批分离的方法。此法一般用于分离沉降系数相差较大的颗粒。

此法的优点是操作简易，离心后用倾倒法即可将上清液与沉淀分开，分离时间短，重复性高，样品处理量大，可使用容量较大的角式转子。缺点在于需多次离心，分离效果差，不能一次得到纯颗粒，壁效应严重，沉淀于管底的颗粒易受挤压而发生变形、聚集，导致变性失活。

### 2. 密度梯度区带离心法

将样品加在惰性梯度介质中进行离心沉降或沉降平衡，在一定的离心力下把颗粒分配到梯度中某些特定位置上，形成不同区带的分离方法。根据不同的应用原理，该法有以下两种类型。

(1) 差速区带离心法　在一定的离心力作用下，因待分离粒子在梯度液中沉降速度存在差异，从而会在不同的密度梯度层内形成几条分开的样品区带，达到彼此分离的目的。此离心法的关键是选择合适的离心转速和时间。此法仅用于分离有一定沉降系数差的颗粒（20%的沉降系数差或更少）或相对分子质量相差3倍的蛋白质，与颗粒的密度无关，大小相同、密度不同的颗粒不能用此法分离。梯度介质通常用蔗糖溶液。

(2) 等密度区带离心法　当不同颗粒存在浮力密度差时，在离心力场下，颗粒或向下沉降，或向上浮起，一直沿梯度移动到它们密度恰好相等的位置上（即等密度点）形成区带。等密度区带离心法的分离效率取决于样品颗粒的浮力密度差，密度差越大，分离效果越好，与颗粒大小和形状无关，但大小和形状决定了达到平衡的速度、时间和区带宽度。等密度区带离心法所用的梯度介质通常为氯化铯（CsCl）。

# 第三节　层析技术

层析技术，又称色谱技术，对生物大分子混合物的分离、分析具有极高的分辨率，既可以用于少量物质的分析鉴定，又可用于大量物质的分离纯化制备，是现代生物分离分析的重要技术。现已被广泛地应用于物质的分离纯化、定性定量分析以及纯度鉴定等。这里简述层析技术的基本原理、分类、常用的层析方法和基本操作等。

## 一、基本原理

层析技术是基于不同物质理化性质的差异而建立起来的。所有的层析系统都由两个相组成：一个是固定相，它可以是固体物质（如吸附剂、凝胶、离子交换剂等），也可以是液体物质（如固定在硅胶或纤维素上的溶液），这些基质能与待分离的化合物进行可逆的吸附、溶解或交换；另一个是流动相，即可以流动的物质，推动固定相上待分离的物质朝着一个方向移动，液体或气体都可以是流动相。当待分离的混合物随流动相通过固定相时，由于各组分的理化性质存在差异、与两相发生相互作用的能力不同、在两相中的分配系数(含量对比)不同，而随流动相发生移动，各组分不断地在两相中进行再分配。与固定相相互作用力越弱的组分，因移动时受到的阻滞作用小，移动速度快；反之，与固定相相互作用越强的组分，向前移动速度越慢。

## 二、层析技术的分类

### 1. 根据固定相的形式分类

层析技术可以分为纸层析、薄层层析和柱层析。纸层析是以滤纸为惰性支持物的层析。薄层层析是将适当粒度的吸附剂铺成薄层，以纸层析类似的方法进行物质的分离和鉴定。柱层析法是将介质或填料装填在层析柱内。纸层析和薄层层析主要适用于小分子物质的快速检测和少量分离制备，通常为一次性使用；而柱层析更适用于大分子样品的分析、分离纯化和制备等。

### 2. 根据流动相的形式分类

层析技术可以分为液相层析和气相层析。液相层析是指流动相为液体的层析，气相层析是指流动相为气体的层析。液相层析适用于样品的分析、分离，气相层析主要用于氨基酸、糖类、脂肪酸、核酸等小分子的分析鉴定。

### 3. 根据分离原理的不同分类

层析技术主要有吸附层析、分配层析、离子交换层析、凝胶层析、亲和层析等。

以上划分无严格界限，有些名称相互交叉，如亲和层析应属于一种特殊的吸附层析，纸层析是一种分配层析，柱层析可做各种层析。

## 三、常用的层析方法

### 1. 吸附层析

吸附层析是应用最早的层析技术，其原理是利用固定相(吸附剂)对物质分子的吸附能力差异来实现对混合物的分离。吸附剂一般是固体或者液体，在层析中通常应用的是固体吸附剂。吸附剂主要是通过范德华力将物质聚集到自己的表面上，此即为吸附。在一定条件下，被吸附的物质离开吸附剂表面的过程就是解吸。吸附剂通常由一些化学性质不活泼的多孔材料制成，常用的吸附剂有硅胶、羟基磷灰石、活性炭、氧化铝等。吸附能力的强弱与吸附剂、被吸附物质的结构和性质、吸附条件、吸附剂的处理方法等密切相关。

### 2. 分配层析

分配层析是利用样品中的不同组分在固定相和流动相之间的分配系数不同而达到分离目的。分配系数是指一种溶质在两种互不相溶的溶剂中的溶解达到平衡时，该溶质在两相溶剂中所具浓度的比例。不同物质因其性质不同而有不同的分配系数。现在应用的分配层析技术，大多数是以一种多孔物质吸着一种极性溶剂，此极性溶剂在层析过程中始终固定在此多孔支持物上而被称为固定相。另用一种与固定相不相溶的非极性溶剂流过固定相，此移动溶剂称为流动相。待分离物质随着流动相的移动进行连续的、动态的不断分配从而实现分离。

### 3. 凝胶层析

凝胶层析是以各种多孔凝胶为固定相，根据各组分的相对分子质量大小差异而达到分离目的。其支持物是人工合成的交联高聚物，在水中膨胀后成为凝胶。凝胶共同特点是内部具有微细的多孔网状结构，其孔径的大小与被分离物质的相对分子质量大小有相应的关系。用作凝胶的材料有多种，如聚丙烯酰胺凝胶、葡聚糖凝胶、琼脂糖凝胶、聚丙烯酰胺葡聚糖凝胶等。

### 4. 离子交换层析

离子交换层析是以离子交换剂为固定相，利用离子交换剂上的活性基团对各组分离子的亲和力不同而达到分离效果。蛋白质、酶类、多肽和核苷酸等两性离子与离子交换剂的结合力主要取决于它们的物理、化学性质和在特定 pH 值条件下呈现的离子状态。当 pH 值低于等电点(pI)时，两性离子带正电荷能与阳离子交换剂结合；反之，pH 值高于 pI 时，带负电荷能与阴离子交换剂结合。pH 值与 pI 的差值越大，带电量越大，与交换剂的结合力越强。

### 5. 亲和层析

亲和层析是利用生物大分子与配体间专一的、可逆的亲和结合作用而使酶等生物大分子进行分离的一种层析技术。如酶-底物或者抑制剂、抗原-抗体、激素-受体等生物分子对之间具有的专一而可逆的结合就是亲和结合。亲和层析时首先选择与待分离的生物大分子有亲和力物质作为配体，并将配体共价结合在适当的不溶性基质上。当样品溶液通过亲和层析柱的时候，待分离的生物分子与配体发生特异性的结合，从而留在固定相上；而其他杂质不能与配体结合，直接随洗脱液流出。

### 6. 高效液相层析

以经典的液相色谱为基础，以液体为流动相，采用高压输液系统，将具有不同极性的单一溶剂或不同比例的混合溶剂、缓冲液等流动相泵入装有颗粒极细的高效固定相的色谱柱，在柱内各成分被分离后，通过检测器进行检测，实现对试样的分析。

## 四、层析的基本操作（以柱层析为例）

下面简要介绍柱层析法分离生物大分子时的基本操作方法及流程。

### 1. 柱层析的基本装置

柱层析是目前最常用的一种层析方法，基本装置中一般包括以下部件。

（1）**层析柱** 一般为玻璃管或有机玻璃管制成，其下端为细口，出口处带有玻璃烧结板或尼龙网。柱的直径和长度之比一般为 1∶10~1∶50。

（2）**贮液瓶及梯度混合仪** 贮液瓶贮存单一液体，梯度混合仪则可将两个贮液瓶内不同浓度的液体按一定配比进行混合，从而控制洗脱液的浓度或酸度。

（3）**恒流泵（或称蠕动泵）** 通过滚轮或者压块挤压胶管来控制液体的流速，可以达到形成均一、可调的流速。

（4）**紫外检测装置** 用于连续测量和记录液体流的紫外吸收变化情况，对被测样品进行定性和定量分析。同时，配备记录仪（或电脑采集器）可快速测量和记录直流电压信号的电子电位差计，实现同步记录的功能。

(5) 接收装置　洗脱液的收集可用手工的方式以试管逐管收集；也可利用自动部分收集器实现一定数量的自动收集，可定时换管，提高工作效率。

**2. 基质的选择与预处理**

根据不同的实验目的选择合适的基质材料，对于不能直接使用的基质，应进行预处理。例如，离子交换剂在使用前需要进行漂洗、酸碱反复浸泡，凝胶则需要预先溶胀。各种基质的预处理方法不同，应注意区别。

**3. 装柱**

这是柱层析中最基础、最关键的一步。把经过适当预处理的基质(吸附剂、离子交换剂、凝胶等)装入层析柱，要求装填均匀，不能分层，不能有气泡或裂缝。首先，在柱内先装入一定体积的缓冲液，然后将处理好的基质溶液缓慢倒入垂直的层析柱内，让基质慢慢自然沉降，从而装填成均匀、无气泡、无裂缝的层析柱，最后使柱中基质表面平坦并留有 2~3 cm 高度的缓冲液，以免进入空气产生气泡或分层，影响分离效果。

**4. 平衡**

柱子装好后，用 3~5 倍柱床(基质填充的高度称为柱床高度)体积的缓冲液(有一定的 pH 值和离子强度)在恒定压力、恒定流速下冲洗柱子，以保证柱床体积稳定、基质充分平衡。

**5. 上样**

将欲分离的样品混合液加入层析柱中，上样时应缓慢小心地将样品加到固定相表面，尽量避免冲击基质，以保持基质表面平坦。上样量的多少直接影响分离的效果。最大加样量应通过在具体条件下的多次试验进行确定。

**6. 洗脱**

上样完毕后，采用适当的洗脱剂和洗脱方式将各组分从层析柱中分别洗脱下来，以达到分离的目的。洗脱的方式可分为简单洗脱、阶段洗脱和梯度洗脱 3 种。

(1) 简单洗脱　始终用同一种洗脱剂进行洗脱，直至层析分离过程结束为止。凝胶层析多采用这种洗脱方式。如果被分离物质各组分对固定相的亲和力差异不大，其区带的洗脱时间间隔也不长，采用这种方法较为适宜。

(2) 阶段洗脱　采用洗脱能力递增的洗脱剂逐级进行洗脱，每次用一种洗脱剂将其中一种组分快速洗脱下来。当混合物组成简单、各组分对固定相的亲和力差异较大或者样品需快速分离时适用。

(3) 梯度洗脱　采用洗脱能力连续变化的洗脱剂进行洗脱，洗脱能力的变化可以是浓度、极性、离子强度或 pH 值等的递增，因此叫梯度洗脱。当混合物组成复杂且各组分对固定相的亲和力差异较小时宜采用。

**7. 收集与检测**

收集经洗脱后流出来的溶液。收集的溶液经过检测分析，可得知目标物质的浓度。以此为纵坐标，以相应的洗脱体积或洗脱时间为横坐标，可绘制出洗脱曲线。若被分离物可以用合适的检测器检测，则可将洗脱液流经检测器的比色池，用记录仪绘制洗脱曲线，如蛋白质和核酸可用紫外检测器分别检测 $A_{280\,nm}$ 或 $A_{260\,nm}$。需要注意的是，洗脱峰不一定能代表一个纯净的组分，对于不同种类的物质还要采用不同的相对应的鉴定方法，如测定特定酶的活性等。

**8. 基质的再生**

洗脱完成后,应根据基质类型,采用适当的方法处理可反复使用的基质(吸附剂、离子交换剂、凝胶等),恢复其性能,以备再用。

延伸阅读 之六 层析技术与诺贝尔奖

## 第四节 电泳技术

电泳是带电颗粒在电场作用下向与其电性相反的电极进行泳动。电泳技术则是利用这种特殊的性质对具备兼性离子特点的生物分子进行分离分析。本节简述电泳技术的基本原理、分类、常用的电泳方法等。

### 一、基本原理

当一个带有有效电荷的溶质,在黏性介质(如液体或凝胶中)中受到电场作用时,会在电场力的驱动下向着其电性相反的电极泳动。溶质所受到的电场力作用大小取决于溶质的有效电荷量及其所处的电场强度。此外,溶质在受到电场的驱动而迁移的同时,还受到一个相反方向的摩擦阻力的阻挡。若电场作用力与溶液的摩擦阻力达到平衡时,带电溶质可以恒速泳动。一般来讲,带电颗粒在电场中的泳动速度与电场强度和溶质的有效电荷量成正比,与颗粒半径和溶液黏度成反比。因此,在相同介质和同一电场强度下,不同溶质由于有效电荷量和分子大小的差异,溶质间的电泳速度会有所差异,在相同时间内的迁移距离有所不同从而实现混合样品的分离。

带电颗粒在单位电场中的泳动速率,可用单位电场中带电颗粒在单位时间内移动的距离来表示,所以也称为电泳迁移率。在限定的电泳条件下,任何带电溶质都具有自己特定电泳迁移率,是带电溶质的一个物理常数,可以用于鉴定目标产物的纯度,也可以衡量两种带电颗粒彼此之间的分离效率。电泳迁移率相差越大,分离效果越好。

### 二、电泳的分类

根据电泳的工作原理,可以将电泳分为自由界面电泳和区带电泳。前者是指不使用支持介质的电泳,带电颗粒在自由溶液中电泳;后者则是指使用支持介质的电泳,带电颗粒(如蛋白质、核酸等)在惰性支持介质上电泳,不同的带电颗粒在惰性介质上分离形成狭窄的区带或点。相对于自由界面电泳,区带电泳在电泳结束后可以进行染色和谱带分析,因此在生化分离分析中使用广泛。

根据支持介质、电泳装置形式以及pH值的不同,区带电泳又细分成各种不同电泳技

表 4-2　区带电泳的分类

| 分类依据 | 类型 |
| --- | --- |
| 支持介质 | 纸电泳、醋酸纤维素薄膜电泳、琼脂糖凝胶电泳、聚丙烯酰胺凝胶电泳 |
| 电泳装置 | 平板式电泳、垂直板式电泳、垂直柱式电泳 |
| pH 值 | 连续 pH 电泳、不连续 pH 电泳 |

术，具体见表 4-2。

根据分离的目的，还可以将电泳分为分析电泳和制备电泳。前者应用较广，常用于带电颗粒的定量和定性鉴定，而制备电泳往往要对分离颗粒进行回收，介质选择上有一定的限制。

### 三、常用的电泳方法

作为两性电解质，蛋白质、核酸、氨基酸以及核苷酸等生物分子在溶液 pH 值不为等电点的情况下，均携带不同种类、不同量的电荷，因此普遍适用于电泳技术。目前，已发展出各种不同原理、不同应用场景的电泳方法，包括琼脂糖凝胶电泳、聚丙烯酰胺凝胶电泳、SDS-聚丙烯酰胺凝胶电泳、等电聚焦电泳、双向电泳和印迹转移电泳等技术。下面简要介绍几种常见的电泳方法。

**1. 琼脂糖凝胶电泳**

由琼脂分离制备的链状琼脂糖可在氢键及其他作用力下，盘绕形成绳状琼脂糖束，构成大网孔型的琼脂糖凝胶。这种凝胶结构均匀，含水量大(98%～99%)，用于电泳时，对样品吸附极微，且样品的扩散速度较快。因此，利用琼脂糖凝胶进行电泳可得到清晰、分辨率高、重复性好的电泳图谱。同时，琼脂糖透明、无紫外吸收，电泳过程和结果可直接用紫外光灯照射进行监测或定量测定，也可进行区带染色，易洗脱，不易着色，若制成干膜可长期保存。

琼脂糖凝胶电泳常用于分离、鉴定蛋白质和核酸等生物大分子，如临床生化中乳酸脱氢酶等同工酶的检测、科研实验中有关 DNA 的鉴定、DNA 限制性内切酶图谱制作等。该电泳技术操作方便，设备简单，需样品量少，分辨能力高，已成为生物化学与分子生物学研究中常用的基本实验方法之一。

**2. 聚丙烯酰胺凝胶电泳**

聚丙烯酰胺凝胶是以丙烯酰胺(acrylamide，Acr)为单体，以 $N,N'$-亚甲基双丙烯酰胺(methylene-bisacrylamide，Bis)为交联剂，在加速剂和催化剂的作用下聚合形成的具有三维网状结构的凝胶。以此凝胶为支持物的电泳称为聚丙烯酰胺凝胶电泳(简称 PAGE)。

与其他支持介质相比，聚丙烯酰胺凝胶具有以下优点：在合适的浓度时，凝胶透明有弹性，机械性能好，化学性能稳定，无电渗作用，样品分离重复性好、不易扩散，样品用量少，灵敏度高，凝胶孔径可调节。因此，PAGE 应用范围广，可用于蛋白质、酶、核酸等生物分子的分离、定性、定量及少量的制备，还可测定相对分子质量、等电点等。

根据有无浓缩效应，PAGE 分为连续系统与不连续系统两大类。前者电泳体系中缓冲液 pH 值及凝胶浓度相同，带电颗粒在电场作用下，主要靠电荷及分子筛效应。虽然 PAGE 连续体系在电泳过程中无浓缩效应，但利用分子筛及电荷效应也可使样品得到较好的分离，加之在温和的 pH 值条件下，不致使蛋白质、酶、核酸等活性物质变性失活，也显示了它的优越性。而不连续系统中，由于缓冲液离子成分、pH 值、凝胶浓度及电位梯度的不连续性，带电颗粒在电场中泳动不仅有电荷效应、分子筛效应，还具有浓缩效应，故分离效果更好。

**3. 双向凝胶电泳**

双向凝胶电泳一般需进行两次电泳。第一次电泳，即第一向电泳是基于蛋白质的等电点不同，在连续的 pH 值梯度介质中通过高电压进行分离，具有相同等电点的蛋白质无论其分子大小，在电场的作用下都会聚焦在相同等电点处。第二次电泳，即第二向电泳则按相对分子质量的不同利用 SDS-PAGE 电泳分离，将复杂蛋白混合物中所有的蛋白质在二维平面上分开。

双向凝胶电泳是目前蛋白质组学研究中最常采用、最有效的分离技术，是蛋白质组学技术的核心，广泛应用于分离、检测和分析全生物体、全组织或全细胞中所包含的所有蛋白质。

**4. 毛细管电泳**

毛细管电泳又称高效毛细管电泳，是以弹性石英毛细管为分离通道，以高压直流电场为驱动力，依据样品中各组分之间在单位场强下的平均电泳迁移速率和分配行为上的差异而实现分离的方法。毛细管电泳实际上包含电泳、层析及其交叉内容，显著特点是高效、快速和微量。

延伸阅读　之七　蒂塞利乌斯对电泳技术的创造性改进与应用

## 第五节　分光光度技术

利用物质的分子或离子对某一波长范围光的吸收作用，对物质进行定性、定量分析及结构分析的方法，称为分光光度法或分光光度技术，是光谱分析技术的一种。与化学分析法相比，该技术灵敏度高，测定速度快，应用范围广，是生物化学分析研究不可缺少的分析手段之一。分光光度技术在应用时，需要使用分光光度计来进行物质吸收光谱的测定。而所谓的物质吸收光谱，是指物质在光的照射下，其系统内的分子、原子或离子会选择性吸收特定波长入射光的能量，从而产生与原来的入射光谱不同的新光谱。

本节主要就分光光度技术的基本原理、分光光度计的基本构造以及分光光度计的应用范围进行简要介绍。

## 一、基本原理

光的本质是一种电磁波，具有波粒二象性。表征光波动性的特征性参数通常为波长，即连续两个电磁峰之间的距离，单位是纳米（nm）。自然界存在一连串不同波长的电磁波。分光光度法常使用的光谱范围为 200~1 000 nm，其中 200~400 nm 为近紫外光区，400~760 nm 为可见光区，160~1 000 nm 为红外光区。

光吸收定律（即朗伯－比尔定律）是分光光度法的基本定律，具体公式为 $A = -\lg T = \varepsilon b c$（式中，$A$ 为吸光度或光密度；$T$ 为透光度；$\varepsilon$ 为摩尔吸光系数；$b$ 为样品光程；$c$ 为样品浓度）。通常可用该定律描述在一定条件下，一束单色光通过吸收介质溶液后，吸光度与物质的吸光系数和物质的浓度之间的关系。

## 二、分光光度计的基本构造

分光光度计是用于研究光的吸收、发射和散射强度与波长的关系的仪器，其基本构造由光源、单色器、样品室、光电检测器以及显示器组成。

**1. 光源**

分光光度计所使用的理想光源，需要满足以下条件：①能提供连续的辐射；②光强度足够大；③在整个光谱区内，光谱强度不会随波长变动而发生明显变化；④光谱范围宽；⑤使用寿命长，价格低。市面上常见的分光光度计光源，可见光区的光源主要是碘钨灯，波长范围在 350~1 000 nm；近紫外光区的光源有氢灯和氘灯，氢灯的适用波长是 190~360 nm，氘灯的适用波长范围是 180~500 nm。相对来说，氘灯的辐射强度比氢灯大，使用寿命也相对较长，所以氘灯使用更加普遍。

**2. 单色器**

单色器是分光光度计的重要组成部分，其作用是将连续的复合光源分解成单一波长的单色光或者具有一定宽度的谱带，包括色散元件和狭缝两部分。棱镜和光栅是常用的色散元件，前者是根据光的折射原理而将复合光转变为单色光，后者则是根据光的干涉和衍射原理，通过转动棱镜或光栅的波长盘，达到改变单色器出射光束的波长。

**3. 样品室**

样品室包括池架、吸收池（即比色杯）以及各种可更换的附件。比色杯有光学玻璃杯（只适用于可见光）和石英玻璃杯（适用于紫外、可见及红外光）两种。比色杯的形状有长方形、方形和圆筒形，光程可由 0.1~10 cm，最常用的是 1 cm 池（容积 3 mL），光程要求极精确，透光的玻璃面要严格垂直于光路，有的石英杯上方刻有箭头"→"，标明杯子使用时的透光方向，反方向使用会有偏差。

**4. 光电检测器**

检测器是一种将光信号转变为电信号的装置。该设备要求灵敏度高、响应时间短、噪声水平低、稳定性良好。常用的检测器有光电管、光电倍增管和光电二极管等。

**5. 显示器**

显示器是将检测器输出的信号放大并显示出来的装置。常用的显示器有 4 种类型，即指针式显示、LD 数字显示、VGA 屏幕显示和计算机显示。

## 三、紫外-可见吸收光谱的应用范围

紫外-可见吸收光谱的检测常应用于生物分子的定性和定量鉴定。在生物化学实验中主要用于氨基酸、蛋白质、核酸的定量以及酶活力测定、生物大分子鉴定、酶催化反应动力学研究等。

**1. 定性分析**

定性分析指将未知物测定的光谱参数与已知化合物进行比较,从而确定未知物的基本性质。在进行定性鉴定时,未知样品与标准品的检测条件要完全相同,包括溶剂、pH 值、离子强度、温度和检测仪器等。为了防止测试数据的假象,还需要对现有某些条件进行适当的变换,改变其中某些检测条件,观察未知样品与标准品光谱参数的变化是否一致。

**2. 纯度鉴定**

在一定的条件下,纯物质的吸收光谱是一定的。因此,可以根据该物质的吸收光谱情况来判断物质的纯度如何,具体包括其最大吸收峰的位置、形状和数量。对于蛋白质和核酸,还可以根据两者在紫外光区特征性吸收峰的比值来初步判断其纯度。

**3. 定量测定**

根据朗伯-比尔定律,在一定的浓度范围内,待测溶液的吸光度值大小与其浓度成正比。因此,若将待测溶液的吸光度值和标准溶液进行比较,可推算出溶液中溶质的含量。

通常,在生物大分子的定量分析中,可进行比色定量的溶液一般为有色溶液,在可见光区有特征性的光吸收,可以利用朗伯-比尔定律进行比色定量。此类溶液的颜色,一般是由于以下 3 种情况造成的:①自身分子中含有生色基团或显色离子,溶解在溶液中后会自动产生颜色,如血红蛋白溶液;②自身不显示颜色,但可以与某些化学试剂反应产生比较稳定的颜色,如 3,5-二硝基水杨酸法测定还原糖含量、双缩脲试剂法测定蛋白质含量等;③自身不显示颜色,但可以与某些染料稳定性吸附产生特征性的颜色和特征性的光吸收,从而进行比色定量,如考马斯亮蓝法测定蛋白质含量等。

此外,除有色溶液外,有些在可见光区无特征性吸收的无色溶液,由于其分子中含有某些特征性的基团,在紫外光区有特征性的光吸收,如蛋白质、核酸分子分别在 280 nm、260 nm 处有特征性吸收峰,可利用该特征性光吸收进行比色定量。

# 第二篇　生物化学实验

　　本篇搭建了涵盖"基础性实验、综合性实验、设计性实验"体系的一定数量教学实验项目，教学内容有效反映学科的前沿性和时代性，教学过程富有探究性和个性化，可培养学生解决复杂问题的综合能力和高级思维，实现知识能力素质的有机融合。

　　本篇的实验一至实验二十三为基础性实验，精选了有关糖类化学、脂质化学、蛋白质化学、酶学、核酸化学、新陈代谢等方面的经典实验方法，同时还适当涵盖了等电聚焦电泳等现代生物化学实验的新技术。主要教学目标是指导学生掌握生物化学实验的基本方法和技能，塑造学生良好的生物化学实验习惯，培养学生具备基本的科学素养，帮助学生不断形成从感性到理性的科学思维，为今后从事科学研究和生产实践提供良好的基础。

　　实验二十四至实验二十九为综合性实验，是基础性实验的延伸和拓展。这部分实验的安排通常以一个实验目的为中心，在掌握生物化学基础实验方法的基础上，整合多项实验技术，系统化地训练学生综合运用生物化学实验方法、实验技术开展实验和科研探究的能力，实现知识的集成化和技能训练的系统化。生物化学综合性实验的教学具有内容综合、方法多元等特征，既体现了知识与技术的内在联系和融会贯通，又体现了技能训练和素质养成的复杂度和难度，从整体上可进一步促进学生生物化学科学研究与科研实践的思维形成，通过不断培养学生理论联系实际、分析问题和解决问题的能力，提高学生对于生物化学实验方法的综合运用能力。

　　实验三十至实验三十三为设计性实验，即指定实验目的与要求，在一定的实验条件下，由学生自行设计实验方案并加以实现。通过设计性实验的教学安排，学生的实验动手能力、科研思维与创新能力可得到极大的发挥和训练，学生的主观能动性被调动起来，为培养动手能力强、思维灵活、创新能力突出的专业人才打下基础。

# 第五章 糖和脂质

## 实验一 糖类的性质实验

### 一、实验目标导航

【知识目标】理解和熟悉糖类 α-萘酚反应(Molisch 反应)、间苯二酚反应(Seliwanoff 反应)和糖类还原性鉴定的基本原理。

【能力目标】掌握糖的颜色反应；掌握糖类还原性的鉴别方法。

### 二、实验原理

**1. 糖类的颜色反应**

(1) α-萘酚反应　在浓硫酸或浓盐酸的作用下，糖可脱水生成糠醛及其衍生物，脱水产物可与 α-萘酚作用形成紫红色复合物，并在糖液和浓硫酸的液面间形成紫环。因此，α-萘酚反应又称"紫环反应"。反应式如下：

己糖　　　　　　　　5-羟甲基糠醛　　　　　　　　紫红色复合物

α-萘酚反应可以鉴定游离糖或结合糖的存在，是鉴别糖类最常用的颜色反应。但此反应不能鉴别淀粉、纤维素等多聚糖。因醛酮衍生物、葡萄糖醛酸、甲酸、乳酸等可出现颜色近似的阳性反应，故此反应不是糖类的特异反应。因此，阴性反应证明没有糖类物质的存在，而阳性反应，则说明有糖存在的可能性，需要进一步通过其他糖的定性试验才能确定有糖的存在。实验中，可用稳定性较好的麝香草酚或其他的苯酚化合物代替 α-萘酚，灵敏度并无降低。

(2) 间苯二酚反应　在酸作用下，酮糖可脱水生成羟甲基糠醛，该产物可与间苯二酚反应生成鲜红色物质。而在同样条件下，醛糖的呈色反应缓慢，只有在糖浓度较高或煮沸时间较长时，才呈微弱的阳性反应。因此，该反应是鉴定五碳及以上酮糖的特定反应。

果糖发生间苯二酚反应的反应式如下：

$$\underset{\text{己糖}}{\begin{array}{c}CH_2OH\\|\\H-C=O\\|\\HO-C-H\\|\\H-C-OH\\|\\H-C-OH\\|\\CH_2OH\end{array}} \xrightarrow{\text{浓盐酸}} \underset{\text{5-羟甲基糠醛}}{H_2C-CHO} \xrightarrow[\text{浓硫酸}]{\text{间苯二酚}} \text{鲜红色化合物}$$

该反应进行十分迅速，产物颜色呈鲜红色。而葡萄糖进行该反应时所需时间长，且产物颜色为黄色至淡红色；戊糖进行该反应的产物为绿色到蓝色。此外，蔗糖被盐酸水解后生成果糖也可呈现阳性反应。

**2. 糖类的还原作用**

由于糖的分子中含有自由的或潜在的醛基或酮基，故在碱性溶液中，能将铜（Cu）、铋（Bi）、汞（Hg）、铁（Fe）、银（Ag）等金属离子还原，而糖类本身则被氧化成糖酸及其他产物。糖类的这种性质常被用于检测糖的还原性及还原糖的定量测定。

斐林（Fehling）试剂和本尼迪克特（Benedict）试剂都为含有 $Cu^{2+}$ 的碱性溶液，能使还原糖氧化而本身被还原成红色或黄色的 $Cu_2O$ 沉淀。具体反应过程如下：

$$2NaOH + CuSO_4 \longrightarrow Cu(OH)_2 + Na_2SO_4$$

$$\underset{\text{酒石酸钾钠}}{\begin{array}{c}COONa\\|\\H-C-OH\\|\\H-C-OH\\|\\COOK\end{array}} + Cu(OH)_2 \longrightarrow \underset{\text{酒石酸钾钠铜}}{\begin{array}{c}COONa\\|\\H-C-O\\\quad\quad\quad Cu\\H-C-O\\|\\COOK\end{array}} + 2H_2O$$

$$2\underset{\text{酒石酸钾钠铜}}{\begin{array}{c}COONa\\|\\H-C-O\\\quad\quad Cu\\H-C-O\\|\\COOK\end{array}} + \underset{\text{葡萄糖}}{\begin{array}{c}CHO\\|\\(CHOH)_4\\|\\CH_2OH\end{array}} \longrightarrow 2\begin{array}{c}COONa\\|\\H-C-OH\\|\\H-C-OH\\|\\COONa\end{array} + \underset{\text{葡萄糖酸}}{\begin{array}{c}COOH\\|\\(CHOH)_4\\|\\CH_2OH\end{array}} + Cu_2O\downarrow$$

斐林试剂是一种弱的氧化剂，不能与铜和芳香醛发生反应。因此，当斐林试剂中添加酒石酸钾钠后，可与 $Cu^{2+}$ 形成可溶性的酒石酸钾钠络合铜离子，该反应是可逆的，从而可达到防止铜离子和碱反应生成氢氧化铜或碱性碳酸铜沉淀的目的。本尼迪克特试剂是斐林试剂的改良，利用柠檬酸作为 $Cu^{2+}$ 的络合剂，碱性较斐林试剂弱，灵敏度高，干扰因素较少。

在不同条件下，反应产生的沉淀颗粒大小不同，表现出糖因还原作用生成 $Cu_2O$ 沉淀的颜色存在差异。沉淀颗粒的大小取决于反应速度，反应速度快时，生成的颗粒小，呈黄色；反之，反应速度慢时，生成的颗粒较大，呈红色。如有保护性胶体存在时，常生成黄色沉淀。

## 三、实验材料、器材与试剂

**1. 器材**

恒温水浴锅,电炉,试管及试管架,试管夹,移液管及移液管架,滴管,秒表,洗耳球。

**2. 试剂**

(1)莫氏(Molisch)试剂  即5% α-萘酚乙醇溶液。称取α-萘酚5.0 g,95%乙醇溶解,定容至100 mL,贮存于棕色瓶内。此试剂需新鲜配制。

(2)塞氏(Seliwanoff)试剂  称取间苯二酚0.05 g溶于30 mL浓盐酸中,再用蒸馏水稀释至100 mL。此试剂需新鲜配制。

(3)斐林(Fehling)试剂  称取34.5 g硫酸铜($CuSO_4 \cdot 5H_2O$)溶于500 mL蒸馏水中,即得斐林甲液(硫酸铜溶液)。称取125.0 g氢氧化钠和137.0 g酒石酸钾钠溶于500 mL蒸馏水中,为斐林乙液(碱性酒石酸盐溶液)。为了避免变质,甲、乙二液分开保存,临用前,将甲、乙二液等量混合使用。

(4)本尼迪克特(Benedict)试剂  称取柠檬酸三钠173.0 g及碳酸钠($Na_2CO_3 \cdot H_2O$)100.0 g加入600 mL蒸馏水中,加热使其溶解,冷却,稀释至850 mL。另称取17.3 g硫酸铜溶解于100 mL热蒸馏水中,冷却,稀释至150 mL。将硫酸铜溶液缓慢地加入柠檬酸三钠-碳酸钠溶液中,边加边搅拌,混匀,如有沉淀,过滤后贮存于试剂瓶中,可长期使用。

(5)1%葡萄糖溶液  称取葡萄糖1.0 g,溶于100 mL蒸馏水中。

(6)1%果糖溶液  称取果糖1.0 g,溶于100 mL蒸馏水中。

(7)1%蔗糖溶液  称取蔗糖1.0 g,溶于100 mL蒸馏水中。

(8)1%淀粉溶液  称取可溶性淀粉1.0 g与少量冷蒸馏水混合成薄浆状物,然后缓缓倾入沸蒸馏水中,边加边搅,最后以沸蒸馏水稀释至100 mL。

(9)0.1%糠醛溶液  称取糠醛0.1 g,溶于100 mL蒸馏水中。

(10)1%麦芽糖溶液  称取麦芽糖1.0 g,溶于100 mL蒸馏水中。

(11)浓硫酸。

## 四、实验操作步骤

**1. α-萘酚反应**

取5支洁净试管,分别加入1%葡萄糖溶液、1%果糖溶液、1%蔗糖溶液、1%淀粉溶液和0.1%糠醛溶液各1.5 mL。再向5支试管中各加入2滴莫氏试剂,充分混合。试管倾斜,沿管壁缓慢加入约1.0 mL浓硫酸,后慢慢立起试管,切勿摇动。逐渐在二液分界处出现紫红色环。观察、记录各管颜色变化。

**2. 间苯二酚反应**

取3支洁净试管,分别加入1%葡萄糖溶液、1%果糖溶液、1%蔗糖溶液各5.0 mL。再向各管分别加入塞氏试剂2.0 mL,混匀。将3支试管同时放入沸水浴中,注意观察、记录各管颜色的变化。

### 3. 糖类的还原作用

首先对斐林试剂的合格性进行检测。取 1 支洁净试管，加入 1.0 mL 斐林试剂，再加入 4.0 mL 蒸馏水，加热煮沸后如有沉淀生成，则说明此试剂不可使用。只有当该试剂检验合格后，才可进行下述实验。

取 5 支洁净试管，分别加入斐林甲、乙液各 1.0 mL，再向各试管分别加入 1%葡萄糖溶液、1%果糖溶液、1%蔗糖溶液、1%麦芽糖溶液、1%淀粉溶液各 1.0 mL。置沸水浴中加热数分钟，取出，冷却。观察、记录各管溶液的变化。

另取 6 支洁净试管，用本尼迪克特试剂（每管加 2.0 mL）重复上述实验。

## 五、实验结果

### 1. α-萘酚反应

| 试剂 | 1%葡萄糖溶液 | 1%果糖溶液 | 1%蔗糖溶液 | 1%淀粉溶液 | 0.1%糠醛溶液 |
|---|---|---|---|---|---|
| 颜色现象 | | | | | |

### 2. 间苯二酚反应

| 试剂 | 1%葡萄糖溶液 | 1%果糖溶液 | 1%蔗糖溶液 |
|---|---|---|---|
| 颜色现象 | | | |

### 3. 糖类的还原作用

将实验现象填入下表，比较两种试剂方法的结果，判断糖的还原性如何。

| 试剂 | 1%葡萄糖溶液 | 1%果糖溶液 | 1%蔗糖溶液 | 1%麦芽糖溶液 | 1%淀粉溶液 |
|---|---|---|---|---|---|
| 斐林试剂 | | | | | |
| 本尼迪克特试剂 | | | | | |

## 六、注意事项

（1）莫氏试剂和塞氏试剂均需新鲜配制。

（2）莫氏试剂加入试管后要充分混合，但在加入浓硫酸时一定要倾斜试管，并沿管壁缓慢操作，之后再轻轻直立试管，切勿摇动。

（3）α-萘酚反应时，若果糖浓度过高，会因浓硫酸的焦化作用出现红色及褐色，而不呈紫色，此时需稀释后重新操作。

（4）使用浓硫酸时注意实验安全，避免皮肤、衣物等直接接触。

（5）实验过程中使用沸水浴加热时应使用试管夹操作，防止烫伤。

## 七、思考题

（1）α-萘酚反应中加入浓硫酸后，各试管颜色变化顺序上为何会有差异？

（2）试分析间苯二酚反应中，各试管颜色变化时间不同的原因。

（3）除斐林试剂法、本尼迪克特试剂法检验糖还原性外，还有哪些反应可用于检测糖的还原性？

# 实验二　还原糖的含量测定——3,5-二硝基水杨酸法

## 一、实验目标导航

【知识目标】理解和熟悉 3,5-二硝基水杨酸(DNS)法测定还原糖的实验原理；熟悉分光光度计的工作原理。

【能力目标】掌握植物样本还原糖的提取方法；掌握并熟练运用 3,5-二硝基水杨酸法检测还原糖；掌握分光光度计的使用方法。

## 二、实验原理

还原糖是指含有自由醛基或酮基的糖类，如葡萄糖、果糖、乳糖和麦芽糖等。单糖都是还原糖，但双糖和多糖不一定是还原糖。和 3,5-二硝基水杨酸在碱性条件下加热后，还原糖被氧化成糖酸，3,5-二硝基水杨酸被还原为棕红色的 3-氨基-5-硝基水杨酸。在一定的浓度范围内，还原糖的含量与还原产生的棕红色 3-氨基-5-硝基水杨酸的颜色深浅呈线性关系。因此，利用比色法可测定样品中还原糖的含量。该方法操作简便、快速，杂质干扰较少。

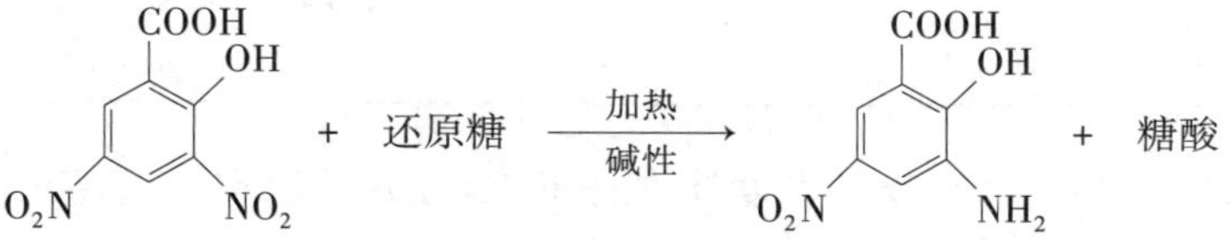

3,5-二硝基水杨酸(黄色) + 还原糖 →(加热 碱性) 3-氨基-5-硝基水杨酸(棕红色) + 糖酸

对于其他双糖(如蔗糖等)以及三糖、多糖(如淀粉、糊精)等，其本身虽然不具有还原性，但可以通过水解作用生成相应的还原糖，测定水解液的还原糖含量可以计算出样品中相应糖类的含量。因此，还原糖的测定是糖定量测定的基本方法。

## 三、实验材料、器材与试剂

**1. 材料**

苹果、青菜叶或其他蔬果。

**2. 器材**

恒温水浴锅，分光光度计，大试管及大试管架，容量瓶，移液管及移液管架，玻璃漏斗，研钵，纱布，滤纸，试管夹，洗耳球。

**3. 试剂**

(1) 3,5-二硝基水杨酸(DNS)试剂　取 6.3 g 3,5-二硝基水杨酸和 262 mL 2 mol/L 氢氧化钠，加到 500 mL 含有 182.0 g 酒石酸钾钠的热水溶液中，再加入 5.0 g 重蒸酚和 5.0 g 亚硫酸钠，搅拌均匀。冷却后加蒸馏水定容至 1 000 mL，贮于棕色瓶中，备用。

（2）0.1%葡萄糖标准液　称取100.0 mg葡萄糖(分析纯，预先在105℃干燥至恒重)，用少量蒸馏水溶解，定容至100 mL，置于冰箱保存，备用。

## 四、实验操作步骤

### 1. 样品中还原糖的提取

称取0.5 g苹果(去皮)或5 g青菜叶，放入研钵中，加少许石英砂，研磨。无明显颗粒后，用30 mL蒸馏水分3次将研钵内样品转移至大试管。将该大试管放入50℃恒温水浴锅中保温30 min。保温完毕，先用纱布过滤，再用滤纸过滤，以容量瓶将过滤液定容至100 mL，备用。

### 2. 葡萄糖标准曲线的制作

取7支洁净大试管，分别按表5-1顺序加入各种试剂。

表5-1　葡萄糖标准曲线的制作

| 试剂 | 试管 | | | | | |
|---|---|---|---|---|---|---|
| | 空白 | 1 | 2 | 3 | 4 | 5 |
| 0.1%葡萄糖标准液/mL | 0 | 0.4 | 0.6 | 0.8 | 1.0 | 1.2 |
| 纯水/mL | 2.0 | 1.6 | 1.4 | 1.2 | 1.0 | 0.8 |
| DNS试剂/mL | 1.5 | 1.5 | 1.5 | 1.5 | 1.5 | 1.5 |
| 均在沸水浴中加热5 min | | | | | | |
| 立即用流动冷水冷却 | | | | | | |
| 纯水/mL | 21.5 | 21.5 | 21.5 | 21.5 | 21.5 | 21.5 |

将以上各管溶液混匀，在分光光度计中，于520 nm处以空白管溶液进行调零，测定1～5号试管溶液的吸光度值($A_{520\ nm}$)。

### 3. 样品中含糖量的测定

取4支大试管，分别按表5-2加入各种试剂。

表5-2　样品中还原糖的测定

| 试剂 | 空白管 | 样品管 | | |
|---|---|---|---|---|
| | | 1 | 2 | 3 |
| 样品量/mL | 0 | 1.0 | 1.0 | 1.0 |
| 纯水/mL | 2.0 | 1.0 | 1.0 | 1.0 |
| DNS试剂/mL | 1.5 | 1.5 | 1.5 | 1.5 |
| 均在沸水浴中加热5 min | | | | |
| 立即用流动冷水冷却 | | | | |
| 纯水/mL | 21.5 | 21.5 | 21.5 | 21.5 |

将以上各管溶液混匀，在分光光度计中，于520 nm处以空白管溶液进行调零，测定1～3号试管溶液的吸光度值($A_{520\ nm}$)。

## 五、实验结果

**1. 葡萄糖标准曲线的制作**

| 试管 | 1 | 2 | 3 | 4 | 5 |
|---|---|---|---|---|---|
| 含糖总量/mg | 0.4 | 0.6 | 0.8 | 1.0 | 1.2 |
| 吸光度值($A_{520\,nm}$) | | | | | |

以葡萄糖质量为横坐标，吸光度值($A_{520\,nm}$)为纵坐标，绘制葡萄糖标准曲线。

**2. 样品中含糖量的测定**

根据上述标准曲线，通过查找吸光度值($A_{520\,nm}$)，计算相应的还原糖含量。

| 试管 | 还原糖 | | |
|---|---|---|---|
| | 1 | 2 | 3 |
| 吸光度值($A_{520\,nm}$) | | | |
| 对应还原糖含量/mg | | | |

**3. 样品中还原糖百分含量的计算**

$$样品的还原糖含量(\%) = \frac{还原糖毫克数 \times 样品稀释倍数}{样品质量} \times 100$$

## 六、注意事项

（1）配制 DNS 试剂时，含 DNS 的氢氧化钠溶液加到含酒石酸钾钠的热水溶液中的步骤中，一定要注意慢慢倒入，边倒边搅拌，以防烫伤。

（2）本实验为定量分析实验，所有试管必须清洗干净，各种试剂的加入一定要操作准确。

（3）使用本方法测定还原糖时，因带还原性基团(醛基)的糖多种多样，如葡萄糖、麦芽糖、半乳糖醛酸等都带有还原性基团，测定时形成的呈色化合物最大吸收峰可能会在 500～540 nm 范围内发生不同程度的变化。因此，在具体测定时，为获得较好实验结果，可通过预实验，事先确定最大吸收峰所在的波长，再以此波长进行测定。

（4）按照操作规范，正确使用分光光度计。

## 七、思考题

（1）用分光光度计比色测定时为什么要设空白管？

（2）试分析在该实验中，可通过哪些方法或步骤减少实验误差，提高测量的准确度。

（3）试查阅文献，分析 3,5-二硝基水杨酸比色法测定植物样品中总糖的可行性及实验方案。

延伸阅读 之八 饴糖历史

# 实验三 可溶性总糖的测定——蒽酮比色法

## 一、实验目标导航

【知识目标】理解和熟悉蒽酮比色法测定植物可溶性总糖含量的原理。

【能力目标】熟练掌握蒽酮比色法测定植物可溶性总糖含量的操作步骤。

## 二、实验原理

总糖是指样品中所有的还原单糖、在一定条件下能水解成还原单糖的蔗糖或麦芽糖,以及可部分水解为葡萄糖的淀粉。蒽酮比色法是一种快速而简便的测定样品中总糖量的方法。

在浓硫酸的作用下,戊糖和己糖经脱水反应分别生成糠醛或羟甲基糠醛,相应产物能与蒽酮反应生成蓝绿色糠醛衍生物,此衍生物在可见光区的最大吸收波长为 620 nm。

当溶液含糖量在 20~200 μg 范围时,糖类与蒽酮反应生成的蓝绿色衍生物的颜色深浅与糖的含量高低成正比关系。因此,利用这一特征,可对总糖的含量进行定量测定。该法灵敏度很高,适于微量测定,且所需试剂简单,操作较简便。

绝大部分的碳水化合物都能与蒽酮反应而产生颜色，因此，蒽酮比色法没有专一性，几乎可以测定所有糖类。除戊糖、己糖等常见单糖外，还可以通过反应液中浓硫酸的作用将多糖水解成单糖后进行反应。因此，蒽酮比色法可以测定单糖、寡糖和多糖（包括淀粉、纤维素）等。

但要注意的是，采用蒽酮比色法测定水溶性碳水化合物时，由于细胞壁中的纤维素、半纤维素等也可与蒽酮试剂发生反应，所以切勿将样品的未溶解残渣带入反应液，以免造成测量误差。另外，不同的糖类与蒽酮试剂的显色深度不同，六碳糖中，果糖显色最深，葡萄糖次之，半乳糖、甘露糖较浅，五碳糖显色比六碳糖更浅，因此，测定多种糖类的混合物时，也会因不同糖类的显色深浅不同而造成误差。

## 三、实验材料、器材与试剂

**1. 材料**

包菜、白菜或者植物块茎。

**2. 器材**

电子天平，恒温水浴锅，分光光度计，容量瓶，漏斗，大试管及试管架，移液管及移液管架，试管夹，洗耳球。

**3. 试剂**

（1）蒽酮试剂　称取 0.2 g 蒽酮，溶于 100 mL 80% 硫酸溶液中，于棕色瓶中贮存，现配现用。

（2）0.1 mg/mL 葡萄糖标准溶液　精确称取 100.0 mg 葡萄糖溶解到纯水中，定容至 1 000 mL，备用。

## 四、操作步骤

**1. 标准曲线的制作**

取 6 支洁净试管，按表 5-3 所示顺序依次加入试剂。

表 5-3　葡萄糖标准曲线的制作

| 试剂 | 试管 | | | | | |
| --- | --- | --- | --- | --- | --- | --- |
| | 0 | 1 | 2 | 3 | 4 | 5 |
| 0.1 mg/mL 葡萄糖标准溶液/mL | 0 | 0.1 | 0.2 | 0.3 | 0.4 | 0.5 |
| 水/mL | 1.0 | 0.9 | 0.8 | 0.7 | 0.6 | 0.5 |
| 蒽酮试剂/mL | 4 | 4 | 4 | 4 | 4 | 4 |

将以上各管混合均匀，置于沸水浴中加热 10 min，立即用流水冷却，室温放置 10 min 后，以空白管溶液调零，在 620 nm 处测定 1~5 号管溶液的吸光度值。

**2. 样品含糖量的测定**

称取样品 1.0 g，剪碎，置于研钵中研磨，用 25 mL 蒸馏水分多次转移研磨液至大试管中，沸水浴加热 10 min，流水冷却，过滤，滤液转移至 250 mL 容量瓶中定容，备用。

取 4 支洁净试管，按表 5-4 所示依次加入试剂。

表 5-4　样品含糖量的测定

| 试剂 | 试管 | | | |
|---|---|---|---|---|
| | 0 | 1 | 2 | 3 |
| 样品/mL | 0 | 1.0 | 1.0 | 1.0 |
| 水/mL | 1.0 | 0 | 0 | 0 |
| 蒽酮试剂/mL | 4 | 4 | 4 | 4 |

将以上各管混合均匀后，置于沸水浴中加热 10 min，立即用流水冷却，室温放置 10 min 后，于分光光度计 620 nm 处以 0 号管溶液调零，测定其余样品管的吸光度值。

## 五、实验结果

**1. 标准曲线的制作**

| 试管 | 1 | 2 | 3 | 4 | 5 |
|---|---|---|---|---|---|
| 葡萄糖标准溶液浓度/(mg/mL) | 0.01 | 0.02 | 0.03 | 0.04 | 0.05 |
| 吸光度值($A_{620\,nm}$) | | | | | |

以葡萄糖标准溶液浓度为横坐标，620 nm 处的吸光度值为纵坐标，制作标准曲线。

**2. 样品含糖量的测定**

对照标准曲线，计算吸光度值($A_{620\,nm}$)对应的待测试管溶液的糖浓度。

| 试管 | 1 | 2 | 3 |
|---|---|---|---|
| 吸光度值($A_{620\,nm}$) | | | |
| 糖浓度/(mg/mL) | | | |

**3. 样品含糖量的计算**

$$样品含糖量(mg/g) = \frac{V \times c}{W}$$

式中：$V$——样品滤液稀释后的体积，mL；

$c$——通过标准曲线计算得到的糖浓度，mg/mL；

$W$——样品质量，g。

## 六、注意事项

(1) 研磨要充分，否则易使提取样品的糖含量偏低。
(2) 蒽酮试剂含有浓硫酸，使用时应规范、小心操作。
(3) 实验操作中必须严格控制反应过程中的温度和时间。
(4) 加入蒽酮试剂时，应使用干燥试管，否则会导致试剂被稀释，实验现象会出现浑浊。

## 七、思考题

(1) 蒽酮比色法测定可溶性总糖的原理是什么？运用蒽酮比色法测得的糖包括哪几类？
(2) 试比较与分析蒽酮比色定糖法和其他定糖方法的优劣。

# 实验四　血清胆固醇的定量测定——磷硫铁法

## 一、实验目标导航

【知识目标】了解血清胆固醇的性质及测定血清胆固醇的临床意义；掌握磷硫铁法测定血清胆固醇的原理。

【能力目标】学习制备无蛋白血清，熟悉并掌握磷硫铁法测定血清胆固醇的实验操作方法。

## 二、实验原理

胆固醇不仅参与血浆蛋白的组成和细胞膜的形成，还是胆汁酸、维生素 D 以及甾体激素合成的原料。在生物体内，胆固醇以游离胆固醇及胆固醇酯两种形式存在，统称为总胆固醇。

正常血清中胆固醇的平均值为 110~220 mg/100 mL(2.83~5.72 mmol/mL)。血清胆固醇的含量可作为人体脂类代谢的标志，有随年龄增大而增加的趋势。胆固醇增高可见于动脉粥样硬化、慢性肾小球性肾炎、肾病综合征等，胆固醇降低可见于各种脂蛋白缺陷状态、肝硬化、营养吸收不良、巨细胞性贫血等。

总胆固醇的测定有比色法、比浊法、碘量法、色谱法和酶法等。其中，比色法较为常用。因所用的显色剂不同，比色测定时又存在不同的比色法。本实验采用磷硫铁法测定血清胆固醇含量。血清经无水乙醇处理后，蛋白质发生沉淀，胆固醇及胆固醇酯可溶解在无水乙醇中。向乙醇提取液中加入硫磷铁显色剂，胆固醇与浓硫酸及三价铁反应生成稳定的紫红色化合物，此物质在 560 nm 波长处有特征吸收峰。胆固醇含量低于 400 mg/100 mL(10.4 mmol/mL)时，其浓度与吸光度值呈良好线性关系。因此，可通过与同样处理的标准样进行比色，计算出胆固醇含量。

## 三、实验材料、器材与试剂

**1. 材料**

人血清。

**2. 器材**

离心机，分光光度计，试管及试管架，移液管及移液管架，容量瓶，洗耳球。

**3. 试剂**

(1) 标准胆固醇贮存液　精确称取干燥重结晶的胆固醇 80.0 mg，50℃下加热溶解于无水乙醇，以无水乙醇定容至 100 mL。棕色瓶贮存于冰箱。

(2) 标准胆固醇应用液　取上述标准胆固醇贮存液 10.0 mL，用无水乙醇定容至 100 mL，即得 0.08 mg/mL(0.21 mmol/mL)标准胆固醇应用液。

(3) 10% 三氯化铁溶液　称取六水合三氯化铁 10.0 g，用 85% 磷酸溶解，定容至 100 mL。棕色瓶贮存于冰箱。

(4) 磷硫铁显色剂　取 10% 三氯化铁溶液 1.5 mL，加浓硫酸至 100 mL，即得磷硫铁显色剂。棕色瓶贮存。

(5) 无水乙醇。

## 四、实验操作步骤

### 1. 无蛋白血清的制备

吸取 0.1 mL 血清于试管中，加入 0.4 mL 无水乙醇，混匀，再加 2.0 mL 无水乙醇，混匀，静置 10 min，3 000 r/min 离心 5 min，取上清液备用（无水乙醇需分两次加入，以保证作用完全）。

### 2. 测定

取 3 支洁净试管，按表 5-5 加入试剂。

**表 5-5　磷硫铁法定量测定血清胆固醇**

| 试剂 | 空白管 | 标准管 | 测定管 1 | 测定管 2 |
|---|---|---|---|---|
| 样品/mL |  |  | 1 | 1 |
| 标准胆固醇应用液/mL |  | 1 |  |  |
| 无水乙醇/mL | 1 |  |  |  |
| 磷硫铁显色剂/mL | 1 | 1 | 1 | 1 |

磷硫铁显色剂的添加应沿管壁缓缓加入，与乙醇液形成两层后，立即迅速小心振摇 20 次，放置 10 min（冷却至室温）后，使用分光光度计在 560 nm 处以空白管溶液调零，读取其余各管溶液的吸光度值。

## 五、实验结果

记录实验数据，根据公式计算血清胆固醇含量。

| 试管 | 标准管 | 测定管 1 | 测定管 2 |
|---|---|---|---|
| 吸光度值（$A_{560\,nm}$） |  |  |  |

$$\text{血清胆固醇含量(mg/100mL)} = \frac{\text{测定管吸光度值}}{\text{标准管吸光度值}} \times 0.08 \times \frac{100}{0.04} = \frac{\text{测定管吸光度值}}{\text{标准管吸光度值}} \times 200$$

或

$$\text{血清胆固醇含量(mmol/mL)} = \frac{\text{测定管吸光度值}}{\text{标准管吸光度值}} \times 0.21 \times \frac{1}{0.04}$$

## 六、注意事项

(1) 实验中在使用浓磷酸和浓硫酸时，应注意安全，避免伤人及损坏仪器。

(2) 制备无蛋白血清时，离心后的上清液注意须清亮透明，不能混有细微沉淀颗粒，否则要重新离心。

（3）加磷硫铁显色剂混合后的显色程度与产热程度有关，因此，实验中要保证实验器材、操作方法等的一致性，确保各试管内产热程度一致。

（4）实验所使用的试管及其他相关器材应干燥。

（5）新鲜配制的10%三氯化铁溶液和磷硫铁显色剂可在暗处长期保存。反应废弃液应倒入专门的废液缸中，统一处理。

## 七、思考题

（1）测定胆固醇的基本原理是什么？有何临床意义？

（2）本实验操作中特别需要注意哪些问题？为什么？

# 第六章 氨基酸与蛋白质

## 实验五 氨基酸的分离——离子交换柱层析法

### 一、实验目标导航

【知识目标】理解和熟悉离子交换与洗脱原理；了解离子交换剂的种类和作用。

【能力目标】学习离子交换柱层析法分离氨基酸的操作方法；掌握氨基酸和茚三酮的特征性颜色反应。

### 二、实验原理

离子交换柱层析是依据各种离子或离子化合物与离子交换剂的结合力不同而进行分离纯化的一种方法。离子交换柱层析的固定相是离子交换剂，流动相是具有一定 pH 值和离子强度的电解质溶液。离子交换剂通常是一类不溶于水的惰性高分子聚合物通过一定的化学反应共价结合上某种电荷基团而形成的。按活性功能基团所带电荷的性质，离子交换剂可分为阳离子交换剂和阴离子交换剂。其中，阳离子交换剂的电荷基团带负电，可以与溶液中的正电荷化合物或阳离子进行交换反应，阴离子交换剂则相反。

离子交换剂与流动相中离子或离子化合物的反应则主要以离子交换的方式进行，或借助离子交换剂上电荷基团对溶液中离子或离子化合物的吸附作用进行。离子交换剂对溶液中不同离子具有不同的结合力，结合力的大小与离子交换剂的性质、离子本身的性质、离子强度、pH 值、温度、溶剂组成等因素有关。

本实验采用磺酸型阳离子交换树脂(732 型)分离天冬氨酸(Asp)和赖氨酸(Lys)的混合液。氨基酸是两性电解质，分子所带的净电荷取决于氨基酸的等电点和溶液的 pH 值。天冬氨酸是酸性氨基酸，其等电点(pI)为 2.77；赖氨酸是碱性氨基酸，pI 为 9.74。在 pH = 5.3 时，赖氨酸的 pI 值大于 pH 值，赖氨酸可解离成阳离子结合在树脂上；而天冬氨酸的 pI 值小于 pH 值，可解离成阴离子，不被树脂吸附而流出层析柱。在 pH = 12 时，因 pH 值大于赖氨酸的 pI 值，赖氨酸可解离成阴离子从树脂上被交换下来。这样就可以通过改变洗脱液的 pH 值，而使氨基酸被分别洗脱下来。结合氨基酸与茚三酮在加热条件下反应可生成紫色化合物的特点(脯氨酸除外)，可对分离的效果进行考察。

### 三、实验材料、器材与试剂

**1. 材料**

(1) 混合氨基酸溶液 分别配制 2 mg/mL 天冬氨酸溶液和 2 mg/mL 赖氨酸溶液。两者按 1∶2.5 的比例混合后，以 1∶1 的比例用 0.1 mol/L 盐酸溶液进行稀释，即得混合氨基酸溶液。

(2) 磺酸型阳离子交换树脂(732型)。

**2. 器材**

循环真空水泵，抽滤瓶，布氏漏斗，电炉，层析柱(1 cm×20 cm)，铁架台，烧杯，量筒，玻璃棒，滤纸，乳胶管，移液管及移液管架，试管及试管架，洗耳球，胶头滴管。

**3. 试剂**

(1) 0.45 mol/L 柠檬酸-氢氧化钠-盐酸缓冲液(pH 5.3)　准确称取 14.25 g 柠檬酸($C_6O_7H_8 \cdot H_2O$)、9.3 g 氢氧化钠和 5.25 mL 浓盐酸溶于少量水中，再定容至 500 mL。冰箱保存。

(2) 0.01 mol/L 氢氧化钠溶液　称取 0.40 g 氢氧化钠溶于蒸馏水，定容至 1 000 mL。

(3) 0.5% 茚三酮乙醇溶液。

(4) 0.1 mol/L 盐酸和 2 mol/L 盐酸。

(5) 1 mol/L 氢氧化钠溶液和 2 mol/L 氢氧化钠溶液。

## 四、实验操作步骤

**1. 树脂的处理**

将购得的磺酸型阳离子交换树脂(732型)干粉用蒸馏水浸泡过夜，使之充分溶胀。用 4 倍体积的 2 mol/L 盐酸浸泡 1 h，倾去清液，用蒸馏水洗至中性。再用 2 mol/L 氢氧化钠溶液浸泡 1 h，倾去清液，用蒸馏水洗至中性。以 1 mol/L 氢氧化钠溶液浸泡树脂 1 h 转化为钠型，用蒸馏水洗至中性，最后用 0.45 mol/L 柠檬酸-氢氧化钠-盐酸缓冲液(pH 5.3)浸泡，多余的树脂浸入 1 mol/L 氢氧化钠溶液中保存，以防细菌生长。

**2. 装柱**

取层析柱 1 支，垂直固定在铁架台上。关闭柱底出口，在柱内注入约 2 cm 高的 0.45 mol/L 柠檬酸-氢氧化钠-盐酸缓冲液(pH 5.3)。将树脂轻搅悬浮后，沿柱的内壁缓慢地倒入柱内(注意控制倒入树脂的速度，不要太快，以防产生泡沫)。待树脂在柱底部逐渐沉积完全后，慢慢打开柱底出口，继续加注树脂悬液，直至柱中树脂高度达到约 15 cm 时为止。

**3. 平衡**

层析柱装好后，缓慢沿管壁持续加入 0.45 mol/L 柠檬酸-氢氧化钠-盐酸缓冲液(pH 5.3)。控制柱底出口液体的流速在每分钟 1~2 滴，以 pH 试纸测量流出液的 pH 值，确定达到 5.3 为止。

**4. 加样**

小心地将层析柱内液体高度降至离树脂床面高度约 2 cm 处，立即关闭柱底出口(注意不要使液面下降至树脂面以下)。取 1 mL 混合氨基酸，用胶头滴管缓慢加入层析柱液面中央，不要破坏树脂表面。

**5. 洗脱**

打开柱底出口，使柱内液体缓慢地流出，直至液体的凹液面恰好与树脂表面相平。用胶头滴管缓慢加入 0.45 mol/L 柠檬酸-氢氧化钠-盐酸缓冲液(pH 5.3)进行洗脱，柱底出口处用 1~10 号试管分别收集,每管约 1 mL。待柱内液体的凹液面恰与树脂表面相平时,改用 0.01 mol/L 氢氧化钠加入柱内进行洗脱,用 11~20 号试管收集,每管约 1 mL。

注意:洗脱过程中,要确保柱内液体不要流干!

**6. 鉴定**

向 1~20 号试管收集液中加入 1 mL 0.45 mol/L 柠檬酸-氢氧化钠-盐酸缓冲液(pH 5.3)和 1 mL 0.5%茚三酮乙醇溶液,混匀,沸水浴加热 30 min,冷却至室温。观察试管溶液颜色,若呈紫蓝色,表示该管内收集的液体为洗脱下来的氨基酸,显色的深度可代表相应氨基酸的浓度。

**7. 再生**

在层析柱使用几次后,可将树脂取出,以 1 mol/L 氢氧化钠溶液洗涤后,再用蒸馏水反复洗至中性,即可重复使用。

## 五、实验结果

| 试管 | 1 | 2 | 3 | 4 | 5 | 6 | 7 | 8 | 9 | 10 | 11 | 12 | 13 | 14 | 15 | 16 | 17 | 18 | 19 | 20 |
|---|---|---|---|---|---|---|---|---|---|---|---|---|---|---|---|---|---|---|---|---|
| 颜色 | | | | | | | | | | | | | | | | | | | | |

以试管号为横坐标,以颜色深浅为纵坐标,绘出氨基酸的洗脱曲线图,并利用所学知识进行分析。

## 六、注意事项

(1)在装柱时要避免柱内液体流干而使装柱失败,装好的层析柱应均匀、无节痕或界面。

(2)加样的样品体积不要过大,样品的含量不能超过层析柱内离子交换的能力,否则影响分离效果。

(3)氨基酸的测定一般要求在 pH 5 左右,因此本实验的分离效果鉴定环节需加入 1 mL 柠檬酸-氢氧化钠-盐酸缓冲液(pH 5.3)。

(4)混合氨基酸分离效果鉴定时尽量避免将液体沾在手上或衣服上。

## 七、思考题

(1)离子交换柱层析法分离氨基酸的原理是什么?

(2)试分析影响离子交换柱层析法分离效果的因素有哪些?如何降低这些影响?

# 实验六  蛋白质的脱盐——凝胶层析法

## 一、实验目标导航

【知识目标】理解凝胶层析法的基本原理；了解凝胶层析法的应用范围。
【能力目标】掌握凝胶层析技术的操作方法。

## 二、实验原理

凝胶层析，又称排阻层析、分子筛层析、凝胶渗透层析，是根据被分离样品中各组分的相对分子质量差异，利用具有多孔网状结构凝胶颗粒的分子筛作用，进行洗脱分离的一项技术。凝胶层析法具有设备简单、操作条件温和、重复性好、样品得率高等特点，广泛应用于生物大分子的分离、纯化、浓缩等。

凝胶层析法中使用的凝胶是一类具有多孔立体网状结构的不溶性珠状颗粒。每个凝胶颗粒的细微结构及筛孔的直径均匀一致，类似筛子，因而具有分子筛效应。当含盐蛋白质溶液随流动相流经凝胶层析柱时，低相对分子质量的盐分子因直径小于筛孔孔径，会扩散进入凝胶内部，导致移动距离长，移动速度慢；相反，相对分子质量大的蛋白质颗粒因直径大于筛孔孔径，被排阻在凝胶颗粒外面，直接在凝胶颗粒的间隙向下移动，移动距离短，移动速度快。所以，因蛋白质及盐分子的相对分子质量大小存在显著差异，导致流过凝胶柱的速度也存在差异，从而达到对蛋白质样品进行脱盐的目的（图6-1）。

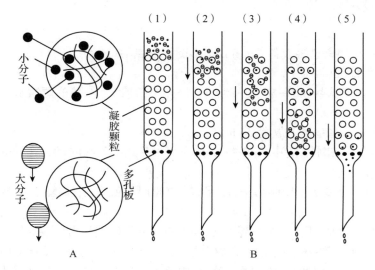

**图 6-1  凝胶层析法原理示意图**

A. 小分子物质扩散入凝胶颗粒内部（上图）；大分子被排阻在凝胶颗粒的外面（下图）
B. (1)含有大、小分子的混合样品液上柱；(2)洗脱开始，小分子通过扩散作用进入凝胶颗粒的筛孔中，而大分子则被排阻于颗粒之外；(3)小分子被滞留，大分子向下移动，大、小分子开始逐渐分开；(4)大、小分子完全分开；(5)大分子完全流出层析柱，小分子尚在行进中葡聚糖凝胶是凝胶层析法中使用最为广泛的一类层析凝胶，具有良好的化学稳定性。这类凝胶的基本骨架是葡聚糖（以右旋葡萄糖为残基的多糖），分子间主要是 $\alpha-1,6-$糖苷键（约占95%），分支为1,3-糖苷键（约占5%），以1-氯-2,3-环氧丙烷为交联剂将链状结构连接为三维网状空间结构的高分子化合物。葡聚糖凝胶有G-10至G-200等多种型号，有粗、中、细及超细等多种规格。型号中的数字表示交联度，数字越小，交联度越大，膨胀系数越小，凝胶颗粒内部筛孔孔径越小，适用于分离低相对分子质量的样品；反之，数字越大则适用于分离高相对分子质量的样品。在具体实验中，需要根据被分离物质的相对分子质量大小选择合适型号的凝胶。

## 三、实验材料、器材与试剂

### 1. 材料

兔血红蛋白。

### 2. 器材

层析柱（1 cm×20 cm），铁架台，烧杯，试管及试管架，移液管及移液管架，胶头滴管，玻璃棒，洗耳球。

### 3. 试剂

（1）葡聚糖凝胶G-50（Sephadex G-50）。

（2）铜离子溶液 取3.70 g硫酸铜溶于10 mL热蒸馏水中，冷却后稀释至15 mL。另取柠檬酸三钠17.3 g及碳酸钠（$Na_2CO_3 \cdot H_2O$）10 g，加水60 mL，加热使之溶解，冷却后加蒸馏水至85 mL。最后，将硫酸铜溶液缓缓倾入柠檬酸三钠溶液中，混匀。

## 四、操作步骤

### 1. 样品制备

取血红蛋白和铜离子溶液各0.5 mL于小试管中混匀。

### 2. 凝胶的预处理（溶胀）

称取2.0 g葡聚糖凝胶G-50放入50 mL烧杯中，加5~10倍的蒸馏水。选择下述方法之一进行溶胀：

（1）自然溶胀 在室温下放置24 h以上。

（2）热法溶胀 在沸水浴中煮沸1~2 h。此法不仅可节约时间，还可消除细菌污染、排除凝胶内部的空气。

溶胀过程中，可多次采用倾泻法去除混杂的细小颗粒，一般重复3~4次。

### 3. 装柱

取1支层析柱，垂直固定在铁架台上，加水充分去除底端和出口端的气泡后，层析柱内保留1/3柱床体积的蒸馏水。缓慢打开层析柱下端出口，调节流速约每分钟10滴。将溶胀好的凝胶调整好稠度后，重悬，一次性沿层析柱内壁小心地灌入柱内。装柱过程中应注意：装填均匀，无气泡和裂纹，始终保持蒸馏水的液面高于凝胶面。如凝胶面出现凹陷不平的现象，可关闭出口，用玻璃棒在凝胶面附近轻轻搅动，使凝胶颗粒悬浮起来，待凝胶颗粒再次自然沉降后即可形成水平面。最终，使凝胶稳定沉积后形成约15 cm高度的层析柱即可。

### 4. 加样与洗脱

准备加样前，打开层析柱下端出口，让柱内蒸馏水缓慢流出，当蒸馏水液面高于凝胶面1~2 mm(即相切)时，立即关闭出口。然后，用胶头滴管将样品小心滴加到凝胶面中央处，注意尽量不要让液滴冲破凝胶表面(致使凝胶面不再水平)，也勿沿壁加样，防止样品因从柱壁和凝胶床之间直接流下而达不到分离的效果。接下来，轻轻打开下端出口，观察样品进入凝胶的状况。若样品液面即将与凝胶面相切时，可迅速关闭下端出口，在凝胶面上端加入1~2 mL蒸馏水(即洗脱液)，再次打开下端出口，继续进行洗脱。若接下来观察到蒸馏水液面即将再次与凝胶面相切时，可重新加入少许蒸馏水进行洗脱。注意：蒸馏水的添加不可过多，防止样品被稀释。当观察到样品已完全进入凝胶柱，即可在凝胶柱上端加入较多的蒸馏水进行持续洗脱。整个加样和洗脱的过程，需一直确保凝胶柱内洗脱液的液面(蒸馏水液面)高于凝胶面。

**5. 收集**

仔细观察样品在层析柱内的分离现象，当样品被洗脱至层析柱中段时，即可用指形管在下端出口处收集洗脱液，每管约2 mL，一共收集6~8管。

**6. 凝胶的洗涤与保存**

洗脱液收集完毕后，用2~3倍柱床体积的蒸馏水多次冲洗凝胶，确保凝胶柱内无样品及杂质后，进行凝胶的回收。回收后的凝胶可保存于冰箱中重复利用。

## 五、实验结果

| 试管 | 1 | 2 | 3 | 4 | 5 | 6 | 7 |
|---|---|---|---|---|---|---|---|
| 颜色及深浅程度 | | | | | | | |

以"-、+、++"等符号记录洗脱过程中收集到的试管溶液颜色的深浅程度变化，并分析对应的各是什么物质。

以试管号为横坐标，以颜色深浅为纵坐标，绘出洗脱曲线图。

## 六、注意事项

(1)商品凝胶是干燥的颗粒，初次使用前需要进行充分的溶胀，以形成稳定的三维网状结构。

(2)在装柱及层析过程中，确保胶内及柱底端不含有气泡。

(3)整个操作过程中，不能让凝胶床表面露出液面。

(4)实验完毕，处理好的凝胶需回收，切勿丢弃。

## 七、思考题

(1)分析影响凝胶层析法脱盐的因素有哪些？如何控制？
(2)试举例说明凝胶层析法在蛋白质分析中还有何作用？

延伸阅读　之九　葡聚糖凝胶的防霉与保存方法

## 实验七  游离氨基酸含量的测定——茚三酮显色法

### 一、实验目标导航

【知识目标】了解植物体内氨基酸测定的意义;掌握茚三酮显色法测定游离氨基酸含量的原理。

【能力目标】掌握茚三酮显色法测定游离氨基酸含量的方法;熟悉分光光度计的使用方法。

### 二、实验原理

在酸性条件下,除脯氨酸、羟脯氨酸外,α-氨基酸与茚三酮共热时,能定量地生成蓝紫色的产物,且该化合物在波长 570 nm 处的吸光度值与氨基酸的浓度成正比。

α-氨基酸与茚三酮的反应分两步进行。第一步是 α-氨基酸被氧化形成 $CO_2$、$NH_3$ 和醛,茚三酮被还原成还原型茚三酮;第二步是还原型茚三酮与另一个茚三酮分子和一分子氨脱水缩合生成二酮茚-二酮茚胺(Ruhemans 紫)。反应式如下:

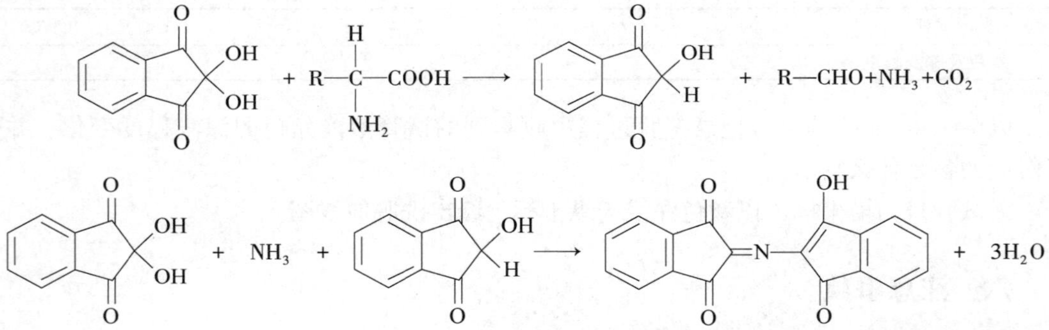

$$\text{茚三酮} + R\text{—CH(NH}_2\text{)—COOH} \longrightarrow \text{还原型茚三酮} + R\text{—CHO} + NH_3 + CO_2$$

$$\text{茚三酮} + NH_3 + \text{还原型茚三酮} \longrightarrow \text{二酮茚-二酮茚胺} + 3H_2O$$

此反应十分灵敏,利用分光光度计可定量地将反应生成的蓝紫色溶液的深浅度换算成氨基酸的含量。该方法具有操作简单、快速和重现性较好等优点,在食品、农业、生物等相关领域被广泛采用。如果实验材料中存在一定浓度的蛋白质,可用 10% 乙酸使蛋白质变性沉淀并过滤去除后,可以消除其干扰。

### 三、实验材料、器材与试剂

**1. 材料**

发芽的水稻种子。

**2. 器材**

电子天平,分光光度计,电炉,研钵,移液管及移液管架,试管及试管架,烧杯,玻璃棒,漏斗与漏斗架,容量瓶,滤纸,洗耳球。

**3. 试剂**

(1) pH 5.4 乙酸-乙酸钠缓冲液  称取 54.4 g 乙酸钠加入 100 mL 无氨蒸馏水,在电炉上加热至沸腾，待体积蒸发至约 60 mL 时停止加热。冷却后，转入 100 mL 容量瓶中，加 30 mL 冰乙酸，用无氨蒸馏水定容至 100 mL。

(2) 水合茚三酮试剂　称取 0.6 g 重结晶的茚三酮，加入 15 mL 正丙醇，搅拌溶解。再加入 30 mL 正丁醇和 60 mL 乙二醇，最后加入 9.0 mL pH 5.4 的乙酸-乙酸钠缓冲液，混匀。该溶液贮存于棕色瓶中，4℃下存放不得超过 10 d。

(3) 标准氨基酸溶液　称取 46.8 mg 亮氨酸(80℃烘干至恒重)，溶于少量 10%异丙醇后，以 10%异丙醇定容至 100 mL。取 5 mL 该溶液，用蒸馏水稀释至 50 mL，即得含氨基氮浓度为 5 μg/mL 的标准液。

(4) 0.1%抗坏血酸溶液　称取 50.0 mg 抗坏血酸，溶于 50 mL 无氨蒸馏水中。此液需临用前配制。

(5) 10%乙酸溶液　量取 10 mL 冰乙酸，用无氨蒸馏水定容至 100 mL。

(6) 95%乙醇。

## 四、操作步骤

**1. 样品中游离氨基酸的提取**

称取 1.0 g 发芽的水稻种子，置于研钵中，加入 5 mL 10%乙酸溶液，研磨至匀浆，用无氨蒸馏水分多次将匀浆液转移至 100 mL 容量瓶中定容。用干燥滤纸过滤，得滤液，备用。

**2. 标准曲线的制作**

取洁净试管 6 支，按表 6-1 操作，制作游离氨基酸的标准曲线。

表 6-1　游离氨基酸标准曲线的制作

| 试剂 | 试管 | | | | | |
|---|---|---|---|---|---|---|
| | 0 | 1 | 2 | 3 | 4 | 5 |
| 标准氨基酸溶液/mL | 0 | 0.2 | 0.4 | 0.6 | 0.8 | 1.0 |
| 含氨基氮量/μg | 0 | 1 | 2 | 3 | 4 | 5 |
| 无氨蒸馏水/mL | 2.0 | 1.8 | 1.6 | 1.4 | 1.2 | 1.0 |
| 水合茚三酮试剂/mL | 3.0 | 3.0 | 3.0 | 3.0 | 3.0 | 3.0 |
| 0.1%抗坏血酸溶液/mL | 0.1 | 0.1 | 0.1 | 0.1 | 0.1 | 0.1 |

试管内添加完试剂后，充分混匀，密封，沸水浴中加热 15 min。取出，立即流水冷却。多次摇动试管，使加热时形成的红色产物接触空气发生氧化、褪色。待溶液呈蓝紫色后，用 60%乙醇稀释至 20 mL，混匀。以 0 号管为空白对照，在波长 570 nm 处测定各管的吸光度值。

**3. 样品游离氨基酸含量的测定**

取洁净试管 3 支，按表 6-2 添加试剂，后续操作步骤同上。

表 6-2  样品中游离氨基酸含量的测定

| 试剂 | 试管 | | |
| --- | --- | --- | --- |
| | 0 | 1 | 2 |
| 样品/mL | 0 | 2.0 | 2.0 |
| 水合茚三酮试剂/mL | 3.0 | 3.0 | 3.0 |
| 0.1%抗坏血酸溶液/mL | 0.1 | 0.1 | 0.1 |

## 五、实验结果

**1. 游离氨基酸标准曲线的制作**

| 试管 | 1 | 2 | 3 | 4 | 5 |
| --- | --- | --- | --- | --- | --- |
| 含氨基氮量/μg | 1 | 2 | 3 | 4 | 5 |
| 吸光度值($A_{570\,nm}$) | | | | | |

以氨基氮的质量为横坐标,吸光度值($A_{570\,nm}$)为纵坐标,绘制游离氨基酸标准曲线。

**2. 样品中游离氨基酸含量的测定**

根据测得的样品管的吸光度值($A_{570\,nm}$)数据,在标准曲线上查出相应的氨基氮质量,填入下表。

| 试管 | 1 | 2 |
| --- | --- | --- |
| 吸光度值($A_{570\,nm}$) | | |
| 含氨基氮量/μg | | |

$$氨基态氮含量(\mu g/100\ g\ 鲜重) = \frac{c \times \dfrac{V_1}{V_2}}{m} \times 100$$

式中:$c$——从标准曲线查得氨基态氮的微克数,μg;

$V_1$——提取液体积,mL;

$V_2$——测定时取样量,mL;

$m$——样品质量。

## 六、注意事项

(1)实验所用的烧杯、试管等玻璃仪器必须干净、干燥。

(2)实验所用的蒸馏水必须是无氨水。

(3)显色反应时,需要严格控制温度、pH 值、时间等条件。

(4)空气中的氧会干扰显色反应的第一步。以抗坏血酸作为还原剂,可提高反应的灵敏度和稳定性,但应严格掌握加入抗坏血酸的量。

(5)本实验中,反应产物的颜色可在 1 h 内保持稳定,应尽快完成测定。

(6)脯氨酸和羟脯氨酸与茚三酮反应生成的产物呈黄色,不在本实验的检测范围内。

## 七、思考题

茚三酮与所有氨基酸的反应产物都相同吗？为什么？

延伸阅读 之十 多功能显色剂-茚三酮(ninhydrin)与指纹显现

# 实验八 蛋白质含量的测定——紫外吸收法

## 一、实验目标导航

【知识目标】全面理解蛋白质的紫外吸收性质；掌握紫外吸收法测定蛋白质含量的实验原理。

【能力目标】掌握紫外吸收法测定蛋白质含量的实验方法和操作技术；熟悉紫外-可见分光光度计的使用。

## 二、实验原理

组成蛋白质分子的氨基酸中，酪氨酸、色氨酸及苯丙氨酸因侧链上含有苯环及共轭双键，所以具有紫外吸收特性，且最大吸收峰在 280 nm 附近。在一定浓度范围内(0.1～1.0 mg/mL)，蛋白质溶液的光吸收值与其含量成正比关系。所以，可通过测定蛋白质溶液在 280 nm 处的吸光度值来换算蛋白质含量。

由于核酸在 280 nm 处也有光吸收，对蛋白质的测定产生干扰。核酸的最大吸收峰在 260 nm 处，若同时测定溶液 260 nm 的吸光度值，通过计算可以消除核酸对蛋白质含量测定的影响。因此，待测溶液中若存在核酸，必须同时测定 280 nm 及 260 nm 的吸光度值，然后通过计算来测得溶液中的蛋白质含量。

利用紫外吸收法测定蛋白质含量具有迅速、简便、用量较少、检测过程中几乎不破坏蛋白质样品、不受低浓度盐类的干扰等特点，可广泛应用于有关蛋白质和酶的微量检测。

## 三、实验材料、器材与试剂

**1. 材料**

鸡蛋。

**2. 器材**

紫外-可见分光光度计，电子天平，容量瓶，移液管及移液管架，试管及试管架，分蛋器，洗耳球。

**3. 试剂**

标准蛋白质溶液：准确称取经凯氏定氮法校正的结晶牛血清白蛋白，配制成 1.0 mg/mL 的标准蛋白质溶液。

## 四、操作步骤

**1. 样品溶液的制备**

取 2 个新鲜鸡蛋，用分蛋器分离出蛋清。量取 5 mL 蛋清，称重，用蒸馏水定容至 500 mL，过滤，即得样品溶液。

**2. 280 nm 光吸收标准曲线法**

(1) 标准曲线的制作　取洁净试管 6 支，按表 6-3 加入试剂，制作蛋白质浓度标准曲线。

表 6-3　蛋白质浓度标准曲线的制作

| 试剂 | 试管 | | | | | |
|---|---|---|---|---|---|---|
| | 0 | 1 | 2 | 3 | 4 | 5 |
| 标准蛋白质溶液/mL | 0 | 1.0 | 2.0 | 3.0 | 40 | 5.0 |
| 蒸馏水/mL | 5.0 | 4.0 | 3.0 | 2.0 | 1.0 | 0 |
| 蛋白质浓度/(mg/mL) | 0 | 0.2 | 0.4 | 0.6 | 0.8 | 1.0 |

各管混匀后，在紫外-可见分光光度计的 280 nm 处，以 0 号管为空白对照，测定并记录各管溶液的吸光度值（$A_{280\,nm}$）。

(2) 样品测定　取待测样品溶液 1 mL，加入蒸馏水 4 mL，充分混匀，以 0 号管为空白对照，按标准曲线方法测定溶液的吸光度值（$A_{280\,nm}$），记录数值。

**3. 280 nm 和 260 nm 的吸收差法**

取待测样品溶液，以蒸馏水为空白溶液，分别在紫外-可见分光光度计的 260 nm、280 nm 处测定吸光度值（$A_{260\,nm}$ 和 $A_{280\,nm}$），记录数值。

## 五、实验结果

**1. 280 nm 光吸收标准曲线法**

| 试管 | 1 | 2 | 3 | 4 | 5 |
|---|---|---|---|---|---|
| 蛋白质浓度/(mg/mL) | 0.2 | 0.4 | 0.6 | 0.8 | 1.0 |
| 吸光度值（$A_{280\,nm}$） | | | | | |

以蛋白质浓度为横坐标，吸光度值（$A_{280\,nm}$）为纵坐标，绘制标准曲线。

根据测得的样品吸光度值（$A_{280\,nm}$），从标准曲线上查出对应的蛋白质浓度 $c_1$(mg/mL)。

**2. 280 nm 和 260 nm 的吸收差法**

根据公式：蛋白质浓度(mg/mL) = $1.45 \times A_{280\,nm} - 0.74 \times A_{260\,nm}$，计算样品溶液的蛋白质浓度 $c_2$。

**3. 鸡蛋清蛋白质含量的计算与比较**

分别将上述两种方法测得的蛋白质浓度 $c_1$ 和 $c_2$ 代入下式，计算鸡蛋清蛋白质含量，并比较、分析两种方法的精确度和优缺点。

$$鸡蛋清蛋白质含量(\%) = \frac{c \times 样品稀释倍数}{样品质量} \times 100$$

## 六、注意事项

(1) 该方法仅适用于测定与标准蛋白质的氨基酸组成相似的蛋白质。
(2) 样品稀释时要充分混匀。
(3) 比色测定时，应使用石英比色皿，并保持比色皿洁净。

## 七、思考题

(1) 为什么能用紫外吸收法测定蛋白质的含量？
(2) 紫外吸收法测定蛋白质含量的方法有何优点和缺点？

# 实验九　蛋白质的两性解离及等电点的测定
## ——等电聚焦电泳法

## 一、实验目标导航

【知识目标】理解蛋白质的两性解离性质；掌握等电聚焦电泳法的原理。
【能力目标】通过蛋白质等电点的测定；掌握等电聚焦电泳技术。

## 二、实验原理

等电聚焦（isoelectric focusing，IEF）是1966年建立的一种高分辨率的蛋白质分析及制备技术。它的基本工作原理是利用两性电解质缓冲液制作具有 pH 梯度的聚丙烯酰胺凝胶，电泳时，具有两性解离特性的分子迁移到与其等电点相等的 pH 值处，形成一个很窄的区带，此时移动的分子携带等量的正、负电荷，从而达到混合样品的分离，以用于后续的分析和制备。

蛋白质分子是典型的两性电解质分子。在偏离其等电点的 pH 溶液中，蛋白质分子带有电荷，可以在电场中移动。当蛋白质迁移至其等电点位置时，所带净电荷为零，在电场中不再移动。在一个有 pH 梯度的环境中，各种不同等电点的蛋白质混合样品在电场的作用下，不管这些蛋白质分子的原始分布如何，它们将按照各自的等电点大小聚集在不同 pH 梯度对应的位置。这种按等电点的大小将生物分子在不同 pH 梯度的某一相应位置上进行聚焦的行为即称为等电聚焦。处于聚焦部位时，蛋白质分子的净电荷为零，测定聚焦部位的 pH 值即可知道该蛋白质的等电点。因此，等电聚焦中蛋白质的分离主要取决于其等电点和电泳环境中 pH 梯度的分布，而与蛋白质分子的大小、形状无关。

等电聚焦的主要特点在于它利用了一种称为两性电解质载体的物质在电场中构成连续的 pH 梯度。两性电解质载体，实际上是许多异构和同系物的混合物，它们是一系列多羧基多氨基脂肪族化合物。两性电解质载体在直流电场的作用下，能形成一个从正极到负极 pH 值逐渐升高的平滑、连续的 pH 梯度。通常，两性电解质载体易溶于水、缓冲能力强，化学性能稳定，在等电点处有足够的缓冲能力和良好的导电性，相对分子质量小，便于与生物大分子分开，不干扰被分析的样品。

目前，等电聚焦电泳技术因分辨力高、重复性好、样品容量大、操作简便迅速等优点，已经在生物化学、分子生物学等研究领域中得到广泛的应用。

## 三、实验材料、器材与试剂

**1. 材料**

10 mg/mL 牛血清白蛋白溶液。

**2. 器材**

电泳仪，等电聚焦电泳槽，移液枪，微量进样器，移液管及移液管架，试管及试管架，烧杯，玻璃棒，胶头滴管，剪刀，滤纸。

**3. 试剂**

(1) 40% 两性电解质 Amphline(pH 3.5~11.0)。

(2) 30% 丙烯酰胺贮液　称取 30.0 g 丙烯酰胺和 0.8 g $N,N'$-亚甲基双丙烯酰胺溶于蒸馏水，定容至 100 mL，滤去不溶物后存于棕色瓶，4℃贮存。

(3) 四甲基乙二胺(TEMED)。

(4) 10% 过硫酸铵(AP)溶液　称取过硫酸铵 1.0 g，用蒸馏水溶解并定容至 10 mL。临用时配制，4℃贮存。

(5) 1.0 mol/L 磷酸电极溶液。

(6) 1.0 mol/L 氢氧化钠电极溶液。

(7) 固定液　称取 10.0 g 三氯乙酸，加水溶解，定容至 100 mL。

(8) 染色液　称取 0.2 g 考马斯亮蓝-R250 溶于 100 mL 50% 甲醇。使用时，取前述溶液 93.0 mL，加入 7.0 mL 冰乙酸，混合均匀即可。

(9) 脱色液　取 50 mL 甲醇、50 mL 蒸馏水、10 mL 冰乙酸，混合均匀，即可使用。

(10) 剥离硅烷。

(11) Triton X-100。

(12) 重蒸水(dd$H_2O$)。

## 四、操作步骤

**1. 凝胶的配制**

取小烧杯 1 只，按表 6-4 加入下列试剂，进行等电聚焦中凝胶的配制。

表 6-4　等电聚焦中凝胶的配制

| 试剂名称 | 用量 | 试剂名称 | 用量 |
| --- | --- | --- | --- |
| 30%丙烯酰胺贮液/mL | 1.5 | 10%过硫酸铵(AP)溶液/μL | 60 |
| 40%两性电解质 Amphline/mL | 0.75 | 四甲基乙二胺(TEMED)/μL | 30 |
| dd$H_2O$/mL | 6.96 | | |

**2. 等电聚焦电泳**

(1) 短玻璃板的硅化　取适量剥离硅烷倒至玻璃板上,用脱脂棉或柔软纸巾顺一个方向(自上而下或自左至右)均匀涂擦玻璃板。待晾干后,用无水乙醇处理玻璃板,以清除多余的剥离硅烷。

(2) 灌胶　将长玻璃板放在水平支撑物上,边条置于玻璃板的两侧。盖上短玻璃板,并使硅化面向下,且确保两玻璃板底部以及两侧平齐。用夹子对称地夹在玻璃板两边,形成 0.4 mm 厚的玻璃胶室。将配好的凝胶溶液,缓慢匀速地倒入玻璃胶室中,并保持没有气泡。待凝胶聚合完毕,卸下夹子,用钢尺或胶铲撬下短玻璃板,取下边条,将凝胶留在长玻璃板上。用蒸馏水冲洗玻璃板上的残胶,取适量 Triton X-100 滴于冷却板上并涂抹均匀。将带胶玻璃板放在冷却板上,玻璃板与冷却板均匀接触,避免气泡产生,并用滤纸擦去多余的 Triton X-100。

(3) 预冷　连接恒温循环器和冷却板,调节循环器的温度为 14℃,预冷 30 min。

(4) 加滤纸电极　取长和凝胶宽度一致、宽 3 cm、折叠 3~5 层的滤纸电极,用 1 mol/L 氢氧化钠溶液充分浸润,置于负极端;将浸润 1.0 mol/L 磷酸溶液的滤纸放在正极端。滤纸电极不可接触玻璃板,用缓冲液饱和,但不滴水。用玻璃棒轻轻地朝一个方向撵压滤纸中的气泡。取活动电极,卡在玻璃压板上,根据正负极滤纸的位置,调整活动电极的距离,固定螺钉,确保两电极平行,且铂金丝接触滤纸。

(5) 预电泳　正确连接电泳仪电源和电泳槽的导线,盖上电泳槽上盖,打开电泳仪电源,电压设定为 100 V,预电泳 30 min。时间到后,关闭电泳仪电源。

(6) 上样　将上样滤纸剪成 0.5 cm×0.5 cm 的滤纸片,取 40 μL 样品加到上样滤纸上,将加样后的上样滤纸片放在凝胶上。如果加两个样品或以上,样品要平行放置,纸片间的间距为 0.5 cm。

(7) 电泳　将玻璃压板压在滤纸上,确保两电极平行,盖上电泳槽上盖,打开电泳仪电源,电压设定为 100 V,电泳 30 min。到设定时间后,关闭电泳仪电源,用镊子小心取出上样滤纸,打开电泳仪,电压设定为 300 V,继续电泳 30 min。待电流变为 0 mA 或 1 mA 时,关闭电泳仪电源,电泳结束。

(8) 固定、染色和脱色　取下正负滤纸,标记正负极,擦去玻璃板背面的 Triton X-100,剥下玻璃板上的凝胶。用直尺量出固定染色前的凝胶长度($L_1$),放入固定液浸泡 24 h。弃去固定液,以脱色液浸泡漂洗 2 次,每次 10 min,并不断摇动,以除去 Amphline。再将凝胶浸入染色液染色 1 h,用蒸馏水漂洗 2~3 次后用脱色液脱色,直至蛋白质区带清晰。用直尺量出固定染色后待测样品区带中心至凝胶板正极端的距离($L_p$)以及固定染色后的凝胶长度($L_2$)。

**3. pH 梯度测定**

在电泳结束后的胶板上，切下 0.5 cm 宽的不加样的胶条，再切成等距的、等大小的小块。把以上小块胶依序分别放入相应编号的试管内，再分别加入 3 mL 已脱气的蒸馏水，让水浸没胶块，密封，室温下过夜。次日测定各管 pH 值。

## 五、实验结果

(1) 画出固定染色后凝胶的示意图。

(2) pH 梯度曲线的制作　以胶长(mm)为横坐标、各区段对应提取液的 pH 值为纵坐标作图，可得到一条近似直线的 pH 梯度曲线。所测得的 pH 值为区段胶条 pH 的平均值，因此，作图时应依次取区带胶长的中间值(mm)为横坐标。

(3) 待测蛋白质样品等电点的计算　按公式 $L = L_p \times \dfrac{L_1}{L_2}$ 计算蛋白质聚焦部位距凝胶正极端的实际长度($L$)。

根据 $L$ 值，在标准曲线上查出所对应的 pH 值，即为该蛋白质的等电点。

## 六、注意事项

(1) 剥离硅烷具有中度毒性，刺激呼吸道、眼黏膜等，使用时注意防护，保持通风。硅化用的手套和脱脂棉要全部替换，防止和其他物品的交叉污染。

(2) 丙烯酰胺、$N, N'$-亚甲基双丙烯酰胺均为有毒试剂，操作时需戴手套，避免接触皮肤。

(3) 灌胶时一定要防止气泡的产生。

(4) 盐离子可干扰 pH 梯度的形成，并造成区带扭曲。因此，含盐的样品要先通过透析或其他方法脱盐。

(5) 为防止在等电聚焦时因高压电场而产生大量的热可能会烧坏胶板，尽量放置在 10℃ 条件下进行电泳。

(6) 加样量取决于样品中蛋白质的种类、数目以及后续检测方法的灵敏度，应适时调整。

(7) 电泳结束后，应尽快将凝胶剪成小块浸泡，并测定凝胶 pH 梯度，防止大气中 $CO_2$ 对 pH 值的影响。

## 七、思考题

总结做好等电聚焦法测定蛋白质等电点实验的关键环节。

# 实验十 蛋白质的分离及相对分子质量预测
## ——SDS-聚丙烯酰胺凝胶电泳法

## 一、实验目标导航

【知识目标】理解 SDS-聚丙烯酰胺凝胶电泳分离蛋白质的原理；了解 SDS-聚丙烯酰胺凝胶电泳的应用情况。

【能力目标】掌握 SDS-聚丙烯酰胺凝胶电泳法分离蛋白质的技术。

## 二、实验原理

SDS-聚丙烯酰胺凝胶电泳，即十二烷基硫酸钠聚丙烯酰胺凝胶电泳，简称 SDS-PAGE。该技术因具有仪器设备简单、操作方便、化学性能稳定、样品用量少、分辨率高、重复效果好等优点，常用于蛋白质表达相关分析、提纯过程中纯度的检测以及蛋白质相对分子质量的测定等。

聚丙烯酰胺凝胶为网状结构，具有分子筛效应，可依据蛋白质颗粒所携带的电荷数量、分子大小与形状等特征对其进行迁移率差异的区分。当聚丙烯酰胺凝胶电泳系统加入阴离子去垢剂——SDS（十二烷基硫酸钠）后，蛋白质发生变性，其形状变成长椭圆形棒状。不同蛋白质的 SDS 复合物的短轴长度差别不大，而长轴长度会随蛋白质相对分子质量的大小而成正比变化。同时，SDS 携带的大量负电荷掩盖了不同种类蛋白质间原有电荷的差异，使蛋白质均带有相同密度的负电荷。因此，可根据不同蛋白质的相对分子质量差异来实现蛋白质的分离。此外，SDS-PAGE 一般采用的是不连续缓冲系统，与连续缓冲系统相比，具有较高的分辨率。

## 三、实验材料、器材与试剂

**1. 材料**

混合蛋白质样品。

**2. 器材**

电泳仪，垂直电泳槽，恒温水浴锅，移液枪，微量进样器，移液管及移液管架，烧杯，染色缸等。

**3. 试剂**

（1）30%丙烯酰胺　称取 30.0 g 丙烯酰胺（Acr），0.80 g $N,N'$-亚甲基双丙烯酰胺（Bis），加重蒸水至 100 mL，过滤后置棕色瓶，于 4℃贮存。

（2）1 mol/L Tris-HCl（pH=6.8）　称取 24.22 g 三羟甲基氨基甲烷（Tris），加入 150 mL 的蒸馏水加热搅拌溶解，用 36%盐酸调节 pH 值至 6.8，用蒸馏水定容至 200 mL。

（3）1.5 mol/L Tris-HCl（pH=8.8）　称取 36.33 g Tris，加入 150 mL 的蒸馏水充分加热后搅拌溶解，用 36%盐酸调节 pH 值至 8.8，用蒸馏水定容至 200 mL。

（4）10% SDS　称取 SDS 10.0 g，用蒸馏水溶解，定容至 100 mL。

（5）10% 过硫酸铵　称取过硫酸铵 1.0 g，用蒸馏水溶解，定容至 10 mL。

(6) 5×SDS-PAGE 电泳缓冲液　称取 7.55 g Tris，47.0 g 甘氨酸，2.5 g SDS，加入约 400 mL 蒸馏水溶解，加入蒸馏水，定容至 500 mL，室温保存。

(7) 6×蛋白上样缓冲液　取 SDS 24.0 g，巯基乙醇 5.0 mL，甘油 60 mL，溴酚蓝 1.2 g，30 mL 1 mol/L Tris-HCl，加重蒸水定容至 10 mL。

(8) 考马斯亮蓝 R-250 染色液　称取 1.0 g 考马斯亮蓝 R-250，加入 250 mL 异丙醇，搅拌溶解后，加入 100 mL 冰乙酸，搅拌均匀后，加入 650 mL 的蒸馏水，搅拌均匀，最后用滤纸过滤除去颗粒物质后，室温保存，备用。

(9) 脱色液　将 100 mL 乙醇和 50 mL 乙酸混合，加水定容至 1 000 mL。

(10) 四甲基乙二胺（TEMED）。

## 四、实验操作步骤

### 1. 制胶前的准备

将垂直电泳槽的玻璃板清洗干净、晾干，凹形玻璃与平玻璃重叠，并保证玻璃板底部对齐，高度低一些的凹形玻璃一面朝里放入电泳槽支架内，固定在制胶器上。

### 2. 分离胶的制备

根据待分离样品的相对分子质量大小，按照表 6-5 配制浓度为 12% 的分离胶。所有试剂混匀后，将凝胶溶液迅速添加至长、短玻璃板间的窄缝内，小心不要产生气泡。加胶高度距样品模板梳齿下缘约 1 cm。在凝胶表面沿短玻璃板边缘轻轻加一层异丙醇压实，用于隔绝空气，并使胶面平整，防止气泡生成。在室温条件下，凝胶可在 30 min 左右聚合完成，聚合后凝胶和上层异丙醇液相之间可见折射率的变化。确定分离胶凝固后，倾倒掉异丙醇，用滤纸吸去多余的异丙醇，注意勿破坏凝胶表面。若后续步骤无须使用浓缩胶，此步骤中混匀所有试剂并加至玻璃板缝内的高度可适当增加，以直接插入梳齿可以形成梳孔的高度为宜。凝固的分离胶在电泳槽内（含适量电泳缓冲液）缓慢拔出梳子即可加样。

表 6-5　SDS-PAGE 凝胶配方

| 各组分名称 | 12%分离胶 | 5%浓缩胶 |
| --- | --- | --- |
| dd $H_2O$/mL | 3.3 | 3.4 |
| 30%丙烯酰胺/mL | 4 | 0.83 |
| 1.5 mol/L Tris-HCl(pH 8.8)/mL | 2.5 | 0 |
| 1 mol/L Tris-HCl(pH 6.8)/mL | 0 | 0.63 |
| 10% SDS/mL | 0.1 | 0.05 |
| 10%过硫酸铵/mL | 0.1 | 0.05 |
| TEMED/mL | 0.004 | 0.005 |
| 总体积/mL | 10 | 5 |

### 3. 浓缩胶的制备

根据所分离的蛋白质相对分子质量的范围，选择相应的浓缩胶浓度。本实验中选择的浓缩胶浓度为 5%。按表 6-5 将试剂混匀后迅速加到长短玻璃板窄缝内的分离胶上方，距短玻璃板上缘 0.5 cm 处，并立即插入干净的加样梳，注意不要混入气泡。待浓缩胶凝固后，轻轻取出加样梳。取出时若发现凝胶梳齿有歪斜，可用注射器针头将其小心摆正。

制胶完成后，将胶室置入电泳槽内，缓慢加入电泳缓冲液至内槽玻璃凹口以上，使玻璃板内缓冲液呈满溢状态，外槽缓冲液加到距平玻璃上沿 3 mm 处。

**4. 样品处理**

取 500 μg/mL 样品适量，混以一定比例的蛋白上样缓冲液，沸水浴加热 15 min，冷却至室温备用。处理好的样品液如经长期存放，使用前应再在沸水浴中加热 1 min，以消除亚稳态聚合。

**5. 加样**

一般，加样体积为 10~15 μL（或 2~10 μg 蛋白质）。如样品浓度低，可增加加样体积。加样时，使用微量注射器小心将样品加到凝胶凹形样品槽的底部，助于沉淀；对于空样品槽，则加入等体积的蛋白上样缓冲液。每加完一个样品，应及时洗涤或更换加样注射器，避免样品污染。

**6. 电泳**

将电泳槽正确连接至电泳仪，打开开关，设置恒压 80 V 电泳 30 min。待样品中的溴酚蓝指示剂压缩成一条直线且到达分离胶后，将电压调至 130 V，电泳 1 h 左右。当溴酚蓝指示剂迁移至凝胶底部时，电泳结束。

**7. 染色**

电泳结束后，取出电泳槽内的玻璃夹板，小心剥开玻璃板，转移凝胶至考马斯亮蓝 R-250 染色液中，水平振荡染色 1 h。染色液可回收重复利用。

**8. 脱色**

染色结束后，小心取出凝胶，置于脱色液中进行脱色处理，直到蛋白质区带清晰为止。

**9. 观察与分析**

将脱色后的凝胶置于凝胶成像仪中，或直接置于白色塑料板上，拍照观察（图 6-2），测量蛋白质条带的迁移距离，并计算 $R_f$。

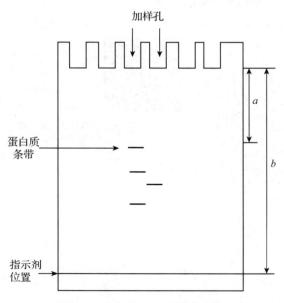

图 6-2　SDS-PAGE 图谱示意图

$a$：样品移动的距离；$b$：溴酚蓝移动的距离

## 五、实验结果

**1. 实验结果处理与分析**

手绘电泳图谱,或对电泳图谱进行照片记录并贴在实验报告上,标出各条带的名称。

以直尺或坐标纸精确测量各蛋白质条带的移动距离和溴酚蓝移动距离,按公式 $R_f = \dfrac{\text{样品移动距离}}{\text{溴酚蓝移动距离}}$,计算各蛋白质条带的相对迁移率($R_f$),并解释各条带分布不同距离的原因。

**2. 样品中各蛋白质相对分子质量推算**

根据标准蛋白质 Marker 中各条带已知相对分子质量及 $R_f$ 值,推算样品中各蛋白质的相对分子质量大小。

## 六、注意事项

(1) SDS 与蛋白质的结合按质量成比例(即 1.4 g SDS /g 蛋白质),上样蛋白质含量不可以过高,否则 SDS 结合量将不足。

(2) 聚丙烯酰胺具有神经毒性,操作时注意安全。

(3) 丙烯酰胺和 SDS 的纯度直接影响实验结果,若试剂不纯,应进行重结晶。

(4) 凝胶配制过程要迅速,催化剂 TEMED 应在最后加入,以防止因凝固太快而导致制胶失败。整个制胶过程最好一次性完成,以免产生气泡。

## 七、思考题

(1) 根据实验过程,做好本实验的关键步骤有哪些?

(2) 查阅文献,说明 SDS-PAGE 电泳凝胶中各主要试剂的作用分别是什么?

延伸阅读 之十一 SDS-PAGE 电泳常见的不正常结果分析与对策

# 第七章 维生素

## 实验十一 维生素 A、维生素 $B_1$ 的定性实验

### 一、实验目标导航

【知识目标】理解和熟悉维生素 A、维生素 $B_1$ 的作用原理及功能。
【能力目标】掌握提取、鉴定维生素 A、维生素 $B_1$ 的方法。

### 二、实验原理

**1. 维生素 A**

维生素 A 又称视黄醇,是具有脂环的不饱和单元醇。维生素 A 主要来自动物性食品,以动物的肝脏、乳制品及鱼肝油中含量最多,属于脂溶性维生素。在氯仿溶液中,维生素 A 可与三氯化锑生成不稳定的蓝色,称为 Carr-Price 反应。该蓝色溶液的深浅在一定的浓度范围内与维生素 A 的浓度成正比。因此,此反应不仅可用作维生素 A 的定性检验,也可进行定量测定。

**2. 维生素 $B_1$**

维生素 $B_1$ 又称硫胺素,含有氨基嘧啶和噻唑的结构。其中,噻唑环能与重氮试剂中的对位氯化重氮苯磺酸发生反应,生成红色的化合物(图 7-1),且该红色化合物在少量甲醛存在的条件下表现稳定。本反应不是十分灵敏,特异性也低,但因操作简单、迅速,往往在诊断中用于快速检测尿液中是否含有硫胺素。

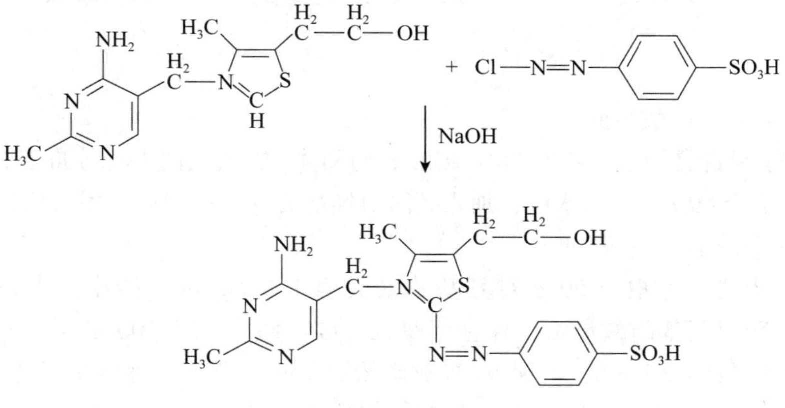

**图 7-1 硫胺素与对位氯化重氮苯磺酸反应**

此外，在碱性环境中，硫胺素可由铁氰化钾定量氧化成带有深蓝色荧光的硫色素（图 7-2），通过对荧光强度的判断可进行维生素 $B_1$ 的定量检测。这个检测方法被称为荧光法。较上述的重氮试剂反应法，荧光法的灵敏性、特异性更高，可测出 0.01 μg 的硫胺素。

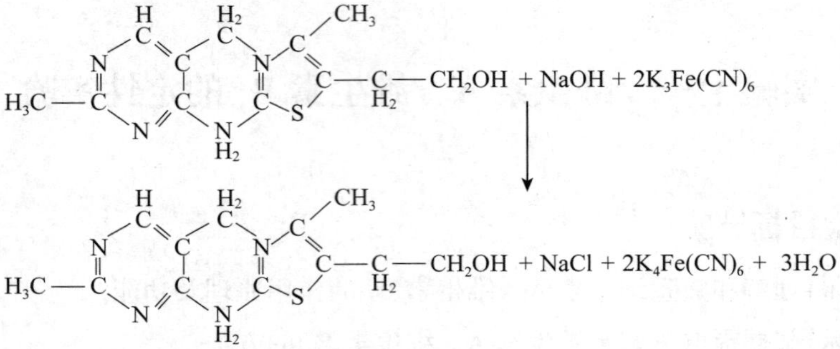

$$\text{硫胺素} + NaOH + 2K_3Fe(CN)_6 \longrightarrow \text{硫色素} + NaCl + 2K_4Fe(CN)_6 + 3H_2O$$

**图 7-2　荧光法分析硫胺素反应**

## 三、实验材料、器材与试剂

**1. 材料**

鱼肝油（市售），植物油，米糠。

**2. 器材**

电子天平，紫外分析仪，滤纸，漏斗及漏斗架，试管及试管架，滴管，移液管及移液管架，量筒，洗耳球。

**3. 试剂**

(1) 精馏氯仿　用蒸馏水洗涤市售氯仿 2~3 次，加入一些煅烧过的碳酸钠或无水硫酸钠进行干燥，并在暗色烧瓶中蒸馏。

(2) 三氯化锑-氯仿饱和溶液　用少量精馏氯仿反复洗涤三氯化锑，直到氯仿不再显色为止。再将三氯化锑放在干燥器中，用硫酸干燥。最后，用干燥的三氯化锑和精馏氯仿配制饱和溶液。

(3) 乙酸酐。

(4) 0.05 mol/L 硫酸溶液。

(5) 碳酸氢钠碱性溶液　将 5.76% 碳酸氢钠和 4% 氢氧化钠进行等量混合；或称取氢氧化钠 2.0 g 溶于 60 mL 蒸馏水中，加入碳酸氢钠 2.88 g，混匀后，用水稀释至 100 mL。

(6) 5% 亚硝酸钠。

(7) 重氮试剂　称取 0.50 g 对氨基苯磺酸溶于 9 mL 浓盐酸中，小心加蒸馏水至 100 mL，即为对氨基苯磺酸母液，保存于暗处。临用时，先将 100 mL 量筒浸于冰水中，加入对氨基苯磺酸母液 3 mL，再加入 5% 亚硝酸钠 3 mL，摇匀，冰水中保持 5 min 后，再加入 5% 亚硝酸钠 12 mL，摇匀，继续于冰水中保持 5 min，最后加水至 100 mL 刻度，混匀，保存在冰水中，备用。此试剂须临用时现配，配好后放置 15 min 以上才能使用，但不能超过 24 h。

(8) 0.2%标准硫胺素溶液。
(9) 1%铁氰化钾[$K_3Fe(CN)_6$]溶液。
(10) 异丁醇。
(11) 30%氢氧化钠。

## 四、实验操作步骤

### 1. 维生素 A 的定性检验

取 2 支洁净的干燥试管，分别加入鱼肝油、植物油各 2 滴，再各加氯仿 0.5 mL 和乙酸酐 2 滴。摇匀后，逐管滴加三氯化锑-氯仿饱和溶液 1~2 mL，摇匀，注意观察两管溶液颜色变化。

另取第 3 支干燥洁净的试管，加蒸馏水 1 滴，然后加入三氯化锑-氯仿饱和溶液 1~2 mL 摇匀，再加入鱼肝油 2 滴，观察有无颜色反应。

### 2. 维生素 $B_1$ 的定性检验

(1) 维生素 $B_1$ 的提取　称取米糠 2 g，置于洁净的干燥试管管底，加入 10 mL 0.05 mol/L 硫酸溶液，用力振荡 10 min，室温静置 20 min，用滤纸过滤，得到的滤液即为粗提的维生素 $B_1$。

(2) 重氮试剂法　取 2 支洁净的干燥试管，按表 7-1 添加各种试剂。

表 7-1　重氮试剂反应

| 试管 | 0.2%标准硫胺素溶液/mL | 滤液/mL | 重氮试剂/mL | 碳酸氢钠碱性溶液/mL |
|---|---|---|---|---|
| 1 | 1 | | 2 | 1 |
| 2 | | 1 | 2 | 1 |

各管摇匀，静置 5 min 后观察结果。

(3) 荧光法　取 2 支洁净的干燥试管，按表 7-2 添加各种试剂。

表 7-2　荧光法

| 试管 | 0.2%标准硫胺素溶液/mL | 滤液/mL | 1%铁氰化钾溶液/mL | 30%氢氧化钠/mL | 异丁醇/mL |
|---|---|---|---|---|---|
| 1 | 1 | | 2 | 1 | 2 |
| 2 | | 1 | 2 | 1 | 2 |

添加异丁醇后，一定要充分振荡，待两相分开后，在紫外灯下观察上层荧光的强弱。

## 五、实验结果

根据观察到的现象，将实际结果填入表 7-3、表 7-4。

表 7-3　维生素 A 的定性检验结果

| 试管 | 材料 | 实验现象 |
| --- | --- | --- |
| 1 | 鱼肝油 | |
| 2 | 植物油 | |
| 3 | 先加蒸馏水，后加鱼肝油 | |

表 7-4　维生素 $B_1$ 的定性检验结果

| 方法 | 试管 | 材料 | 实验现象 |
| --- | --- | --- | --- |
| 重氮试剂反应 | 1<br>2 | 标准硫胺素溶液<br>滤液 | 与重氮试剂反应 5 min 后 |
| 荧光法反应 | 1<br>2 | 标准硫胺素溶液<br>滤液 | 待两相分开后，观察荧光强弱 |

## 六、注意事项

(1) 维生素 A 的定性实验中，加完试剂后，在摇匀过程中溶液颜色的变化较为迅速，注意密切关注实验现象。

(2) 维生素 A 的定性实验中，为防止反应形成的蓝色过快褪色，可将三氯化锑-氯仿溶液在冰水中预冷。

(3) 维生素 A 的定性实验中，所使用的试剂和器材必须绝对干燥，以免三氯化锑水解而影响实验效果。

(4) 维生素 A 的定性实验中，凡接触过三氯化锑的玻璃器皿先用 10% 盐酸洗涤后，再用水冲洗。

(5) 维生素 $B_1$ 的定性实验中，重氮试剂稀释 15 min 后方能使用，24 h 内有效。

## 七、思考题

(1) 维生素 A 定性实验中所用的试剂、器材为什么必须绝对干燥？

(2) 依据实验现象(颜色深浅、荧光强弱)，试比较标准硫胺素试剂与米糠中含维生素 $B_1$ 的含量高低。

(3) 维生素 $B_1$ 在生物体代谢中的主要作用是什么？缺乏维生素 $B_1$ 会有何症状？

# 实验十二  维生素 $B_2$ 的定量测定——荧光法

## 一、实验目标导航

【知识目标】理解荧光法测定维生素 $B_2$ 的原理和方法。
【能力目标】掌握维生素 $B_2$ 的鉴定方法，以及荧光光度计的使用。

## 二、实验原理

维生素 $B_2$ 又称核黄素，是由异咯嗪衍生而成的一种 B 族维生素。在人体内，维生素 $B_2$ 以黄素单核苷酸（FMN）和黄素腺嘌呤二核苷酸（FAD）的形式存在，为氧化还原酶的辅酶，广泛参与人体细胞氧化还原系统传递氢的反应，促进脂肪、糖、蛋白质的代谢。维生素 $B_2$ 微溶于水，其水及乙醇的中性溶液为黄色，耐热，光照易分解。维生素 $B_2$ 有很强的荧光，这种荧光在中性和弱酸条件下稳定，但在强酸或强碱中易被破坏。乙酸环境可增强荧光强度，有利于提高含量测定的准确性。维生素 $B_2$ 可被亚硫酸盐还原成无色的二氢化物，同时失去荧光，因而样品的荧光背景可以被测定。但此二氢化物在空气中易被重新氧化，使荧光恢复。其反应如图 7-3 所示。

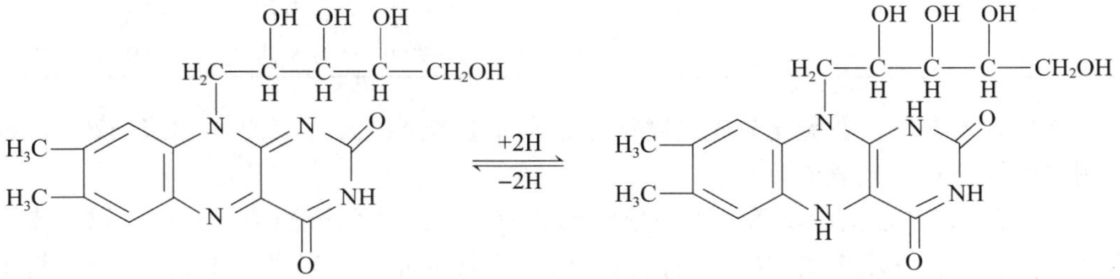

**图 7-3  维生素 $B_2$ 的氧化还原反应**

核黄素激发光波长的范围为 440～500 nm（最强一般为 460 nm），发射光波长范围为 510～550 nm（一般定为 520 nm）。利用核黄素在稀溶液中荧光强度与核黄素浓度成正比的特性，可对其进行定量分析。用连二亚硫酸钠将核黄素还原，通过还原前后的荧光差数，可计算核黄素的含量。

## 三、实验材料、器材与试剂

**1. 材料**
维生素 $B_2$ 药片（药店售卖，5 mg/片）。

**2. 器材**
分析天平，荧光分光光度计，容量瓶（棕色），试管及试管架，移液管及移液管架，研钵，洗耳球。

### 3. 试剂

(1) 10.0 μg/mL 维生素 $B_2$ 标准溶液　精确称取 1.000 mg 维生素 $B_2$ 标准品，置于 100 mL 烧杯内，加 1%乙酸溶液使其溶解，并用 1%乙酸溶液定容至 100 mL，避光保存。

(2) 连二硫酸钠或亚硫酸钠。

## 四、实验操作步骤

### 1. 待测样品溶液的制备

取维生素 $B_2$ 药片 1 粒，用研钵研磨成粉末。用 1%乙酸溶液将粉末完全转移至 100 mL 容量瓶中，并摇匀，定容。浸提 10 min 后，滤纸过滤。用移液管移取滤液 2 mL 于棕色容量瓶中，用 1%乙酸溶液定容至 100 mL，摇匀，待测。

### 2. 维生素 $B_2$ 含量的测定

(1) 维生素 $B_2$ 标准曲线的制作　取 7 支洁净试管，编号，按表 7-5 依次加入 0、0.25 mL、0.50 mL、1.00 mL、1.50 mL、2.00 mL 和 2.50 mL 维生素 $B_2$ 标准溶液，各管再用蒸馏水补足到 10.0 mL。

**表 7-5　维生素 $B_2$ 标准曲线的制作**

| 试剂 | 试管 | | | | | | |
|---|---|---|---|---|---|---|---|
| | 0 | 1 | 2 | 3 | 4 | 5 | 6 |
| 维生素 $B_2$ 标准溶液/mL | 0 | 0.25 | 0.50 | 1.00 | 1.50 | 2.00 | 2.50 |
| 蒸馏水/mL | 10 | 9.75 | 9.50 | 9.00 | 8.50 | 8.00 | 7.50 |

以 0 号管为参比，在荧光分光光度计的激发光波长 440 nm、发射光波长 520 nm 范围下，测定各管相对荧光值 $F$。

(2) 样品测定　取洁净试管 3 支，分别添加 10.0 mL 样品待测液。其中，以 1 支试管作为样品空白管，先用于测定样品空白值，而非测其荧光值。当另 2 支试管（样品管 1 和样品管 2）的待测荧光值 $F$ 测完后，在样品空白管中加入约 10 mg 的连二硫酸钠或亚硫酸钠固体，迅速摇动溶解后，立即测定荧光值 $F_{空白}$。因维生素 $B_2$ 可被亚硫酸盐等还原成无色的二氢化物，同时失去荧光，因此，这时测得的荧光值 $F_{空白}$ 就是样品液的背景值。用 $F$ 值减去 $F_{空白}$，就得到样品液中维生素 $B_2$ 产生的真实荧光值。但这一步操作动作要快，因为被还原的二氢化物很容易在空气中被再次氧化，恢复荧光。

## 五、实验结果

### 1. 维生素 $B_2$ 标准曲线的制作

| 试管 | 1 | 2 | 3 | 4 | 5 | 6 |
|---|---|---|---|---|---|---|
| 维生素 $B_2$ 含量/μg | | | | | | |
| 荧光度值（$F$） | | | | | | |

以维生素 $B_2$ 质量为横坐标,荧光度值 $F$ 为纵坐标,绘制维生素 $B_2$ 标准曲线。

**2. 样品中维生素 $B_2$ 含量的测定**

将样品中维生素 $B_2$ 测定所得荧光度值数据填入下表,并依据公式 $F_{真实}=\bar{F}-F_{空白}$ 计算样品液中维生素 $B_2$ 产生的真实荧光值。根据标准曲线求出相应的维生素 $B_2$ 含量,计算所用试材(药片)中的维生素 $B_2$ 含量(mg/片)。

| 测定值 | 样品管 | |
|---|---|---|
| | 1 | 2 |
| $F$ | | |
| $F_{空白}$ | | |
| $F_{真实}=\bar{F}-F_{空白}$ | | |
| 维生素 $B_2$ 含量/μg | | |

## 六、注意事项

(1)各种试剂的吸量要准确,建议用移液管差减法取液。
(2)维生素 $B_2$ 见光易分解,应快速过滤,避光保存。
(3)正确操作荧光分光光度计,以免损坏。

## 七、思考题

(1)在进行生物材料中维生素 $B_2$ 的提取时,应注意哪些事项?
(2)在用荧光分光光度计测定维生素 $B_2$ 含量时,样品的空白值应该怎样消除?
(3)列举出富含维生素 $B_2$ 的天然食物。

# 实验十三 维生素 C 的提取和含量测定——磷钼酸法

## 一、实验目标导航

【知识目标】理解磷钼酸法测定维生素 C 的原理。
【能力目标】掌握磷钼酸法测定维生素 C 的操作方法。

## 二、实验原理

维生素 C 是一个含有 6 个碳原子的酸性化合物,是 3-酮基-L-呋喃古洛糖酸内酯,化学式为 $C_6H_8O_6$。维生素 C 具有很强的还原性(抗氧化性),极易溶于水,遇热和氧化易被破坏,在中性和碱性溶液中,受光线、金属离子(铜、铁等)的作用会加快其破坏速度。

本实验采用磷钼酸法测定维生素 C 含量，是指在有硫酸及偏磷酸根离子存在的条件下，钼酸铵能与维生素 C 反应生成蓝色配合物（钼蓝），在 760 nm 处有明显的光吸收峰。反应过程如图 7-4 所示。在合适的浓度范围内（25～250 μg/mL），反应生成的钼蓝的吸光度值与维生素 C 的浓度成正比。

$$HPO_3 + H_2O \longrightarrow H_3PO_4$$

$$24(NH_4)_2MoO_4 + 2H_3PO_4 + 21H_2SO_4 \longrightarrow 2[(NH_4)_3PO_4 \cdot 12MoO_3] + 21(NH_4)_2SO_4 + 24H_2O$$

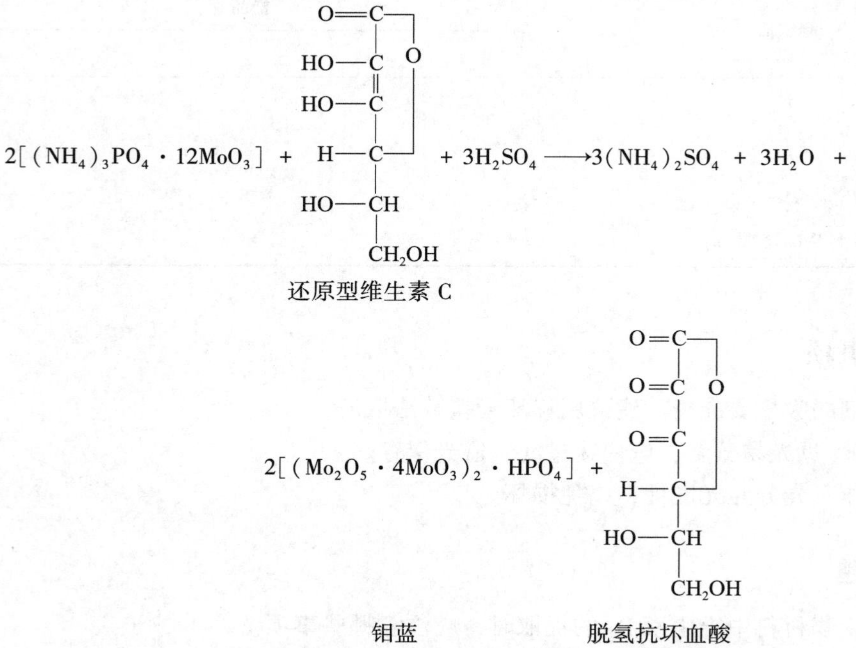

图 7-4　磷钼酸法测定维生素 C 含量反应过程

该方法反应迅速，操作简便，在偏磷酸存在时，可避免样品中还原糖及其他常见还原性物质的干扰，专一性好，不易受样品提取液颜色和其他还原性物质的影响。因此，该方法可应用于水果、蔬菜中维生素 C 含量的测定。

### 三、实验材料、器材与试剂

**1. 材料**

新鲜蔬菜或水果。

**2. 器材**

分光光度计，恒温水浴锅，低速离心机，组织捣碎机，试管及试管架，移液管及移液管架，洗耳球。

**3. 试剂**

（1）5% 钼酸铵溶液　称取 5.0 g 钼酸铵，加蒸馏水定容至 100 mL。

（2）草酸-EDTA 溶液　称取草酸 6.3 g 和 EDTA-$Na_2$ 0.75 g，用蒸馏水溶解后定容至 1 000 mL。

（3）乙酸溶液　以 5 份蒸馏水加 1 份冰乙酸配制而成。

(4) 硫酸溶液　以 19 份蒸馏水加 1 份硫酸配制而成。

(5) 偏磷酸-乙酸溶液　称取偏磷酸粉末 3.0 g，加入乙酸溶液 48 mL，溶解后定容至 100 mL，过滤，于冰箱中保存。此液保存不得超过 10 d。

(6) 维生素 C 标准溶液　称取维生素 C 25.0 mg，用蒸馏水溶解后加适量草酸-EDTA 溶液，再用蒸馏水定容至 100 mL，于冰箱中保存备用。

## 四、实验操作步骤

**1. 维生素 C 标准曲线的制作**

取 9 支洁净试管，按表 7-6 加入试剂。

表 7-6　维生素 C 标准曲线的制作

| 试剂 | 试管 | | | | | | | | |
|---|---|---|---|---|---|---|---|---|---|
| | 0 | 1 | 2 | 3 | 4 | 5 | 6 | 7 | 8 |
| 维生素 C 标准溶液/mL | 0 | 0.1 | 0.2 | 0.3 | 0.4 | 0.5 | 0.6 | 0.8 | 1.0 |
| 维生素 C 质量/μg | 0 | 25 | 50 | 75 | 100 | 125 | 150 | 200 | 250 |
| 蒸馏水/mL | 1.0 | 0.9 | 0.8 | 0.7 | 0.6 | 0.5 | 0.4 | 0.2 | 0 |
| 草酸-EDTA 溶液/mL | 2.0 | 2.0 | 2.0 | 2.0 | 2.0 | 2.0 | 2.0 | 2.0 | 2.0 |
| 偏磷酸-乙酸溶液/mL | 0.5 | 0.5 | 0.5 | 0.5 | 0.5 | 0.5 | 0.5 | 0.5 | 0.5 |
| 硫酸溶液/mL | 1.0 | 1.0 | 1.0 | 1.0 | 1.0 | 1.0 | 1.0 | 1.0 | 1.0 |
| 5% 钼酸铵溶液/mL | 2.0 | 2.0 | 2.0 | 2.0 | 2.0 | 2.0 | 2.0 | 2.0 | 2.0 |

各管充分混匀，于 30℃ 水浴 15 min 后，以 0 号管为空白对照，在 760 nm 波长处测定各管吸光度值。

**2. 样品测定**

称取新鲜蔬菜或水果 100 g，加入草酸-EDTA 溶液 50 mL，用组织捣碎机匀浆 5 min，匀浆液在 3 500 r/min 转速下离心 5 min，取上清液定容至 100 mL，即为样品液。

取上述样品液 1.0 mL，加草酸-EDTA 溶液 2.0 mL、偏磷酸-乙酸溶液 0.5 mL、硫酸溶液 1.0 mL、5% 钼酸铵溶液 2.0 mL。各管充分混匀，30℃ 水浴 15 min。以不加样品液的试管作为空白，使用分光光度计在 760 nm 波长处测定各管吸光度值。

## 五、实验结果

**1. 维生素 C 标准曲线的制作**

将标准品测定所得吸光度值 ($A_{760\ nm}$) 数据填入下表。以维生素 C 质量为横坐标，吸光度值为纵坐标，绘制标准曲线。

| 试管 | 1 | 2 | 3 | 4 | 5 | 6 | 7 | 8 |
|---|---|---|---|---|---|---|---|---|
| 维生素 C 质量/μg | 25 | 50 | 75 | 100 | 125 | 150 | 200 | 250 |
| 吸光度值 ($A_{760\ nm}$) | | | | | | | | |

## 2. 样品维生素 C 质量的计算

$$维生素 C 的质量(\mu g) = \frac{m_1 \times V_1}{V_2}$$

式中：$m_1$——通过标准曲线查得测定样品的维生素 C 质量，$\mu g$；
　　　$V_1$——稀释液总体积，mL；
　　　$V_2$——测量时的取样体积，mL。

## 六、注意事项

（1）实验中的所用试剂需低温保存，以免失效。
（2）待测样本如不能及时测定，应置于 2~8℃保存，3 d 内完成检测。

## 七、思考题

（1）试设计实验比较各种蔬菜、水果的维生素 C 含量。
（2）草酸-EDTA 溶液在实验中起什么作用？

延伸阅读　之十二　为什么人类会得坏血病？

# 第八章　核酸

## 实验十四　酵母 RNA 的提取与鉴定

### 一、实验目标导航
【知识目标】理解和掌握地衣酚法定性鉴定 RNA 的基本原理。
【能力目标】熟练酵母 RNA 提取、鉴定的操作方法。

### 二、实验原理
酵母细胞质较为丰富。其中，RNA 含量为 2.67%~10.0%，而 DNA 含量则仅为 0.03%~0.516%，RNA 的含量比 DNA 高得多。实验室常选择酵母用来进行 RNA 的提取实验。

在遗传学和分子生物学中，常采用 Trizol 试剂、苯酚法进行少量提取具有生物活性的 RNA；而在工业上，为制备各种核苷酸及核苷的原料，对 RNA 的生物活性没有要求，因此往往采用浓盐法、稀碱法等进行大量提取废弃啤酒酵母中的 RNA。本实验主要采用稀碱法，利用细胞壁在稀碱条件下易溶解、能使 RNA 尽可能多地释放出来的特点，同时结合沸水浴破坏磷酸二酯酶和磷酸单酯酶的作用，利于 RNA 的释放与提取。这种方法提取时间短，又可增大 RNA 的溶解度，但考虑到 RNA 在碱性条件下不稳定，容易被碱分解，因此需要在提取完成后及时用酸进行中和。最后，可用乙醇将 RNA 沉淀，获得 RNA 粗品。

从化学组成来说，RNA 由碱基、磷酸和戊糖组成。RNA 与浓盐酸共热时发生降解，生成的核糖继而在浓酸中脱水环化成糠醛（α-呋喃甲醛），后者可与 3,5-二羟基甲苯（地衣酚试剂）反应生成绿色复合物。反应如下：

核糖　　　糠醛　　　　　　　　　　　　绿色化合物

除地衣酚试剂外，还有其他的试剂可用于 RNA 的鉴定。例如，RNA 中的嘌呤碱能与硝酸银作用产生白色的嘌呤银化合物沉淀；二苯胺试剂只可与 DNA 中的脱氧核糖发生反应，而不与 RNA 中的核糖反应，因此可用于区别 DNA 和 RNA。

### 三、实验材料、器材与试剂

**1. 材料**

活性干酵母(市售商品)。

**2. 器材**

电子天平,离心机,电炉,试管及试管架,试管夹,移液管及移液管架,玻璃棒,洗耳球。

**3. 试剂**

(1)地衣酚试剂  称取 100.0 mg 地衣酚,溶于 100 mL 浓盐酸中,再加入 100.0 mg 六水三氯化铁($FeCl_3 \cdot 6H_2O$)或等量氧化铜($CuO$)。此液需临用前配制。

(2)0.2%氢氧化钠溶液。

(3)10%氢氧化钠溶液。

(4)10%硫酸。

(5)乙酸。

(6)无水乙醇。

(7)95%乙醇。

(8)1%硫酸铜溶液。

(9)氨水。

(10)5%硝酸银溶液。

(11)15%二苯胺试剂  称取二苯胺 15.0 g,溶于 100 mL 高纯度无水乙酸中,再加 1.5 mL 浓硫酸,混合后存于暗处。

### 四、实验操作步骤

**1. RNA 的提取**

称取 1.0 g 干酵母粉放入干燥洁净试管中,加 10 mL 0.2%氢氧化钠溶液,于沸水浴中搅拌 10 min。冷却后,滴加 10 滴乙酸,使其略呈偏酸性。试管中的液体转入离心管,3 500 r/min 离心 10 min。离心后的上清液转移入另一支干净离心管,加入 10 mL 95%乙醇。轻轻搅拌,观察絮状沉淀的出现。待完全沉淀后,3 500 r/min 离心 10 min。离心结束,弃去上清液。沉淀即为粗 RNA。

**2. 粗 RNA 组分的鉴定**

(1)往上一步骤得到的沉淀中加入 5 mL 10%硫酸,用玻璃棒搅动后转移至玻璃试管中,沸水浴 5 min,冷却,得粗 RNA 水解液。

(2)取水解液 0.5 mL,加入 1.0 mL 地衣酚试剂,沸水浴 5 min 以上,观察颜色变化。同时设置 1 支不含粗 RNA 水解液的试管(仅添加 0.5 mL 10%硫酸和 1.0 mL 地衣酚试剂)为对照。

(3)取水解液 2.0 mL,加 2.0 mL 氨水、1.0 mL 5%硝酸银溶液,摇匀,观察是否产生絮状嘌呤银化合物(若不出现,放置一会儿再观察)。同时设置 1 支不含粗 RNA 水解液的试管(仅添加 2.0 mL 10%硫酸、2.0 mL 氨水、1.0 mL 5%硝酸银溶液)为对照。

(4) 取水解液 1.0 mL，加 10%氢氧化钠溶液 10 滴，摇匀后加 1%硫酸铜溶液 2 滴，静置一会儿，观察有无紫色出现。同时设置 1 支不含粗 RNA 水解液的试管（仅添加 1.0 mL 10%硫酸、10%氢氧化钠溶液 10 滴、1%硫酸铜溶液 2 滴）为对照。

(5) 取水解液 1.0 mL，加 2.0 mL 二苯胺试剂，摇匀，沸水浴中加热 10 min，观察颜色变化。同时设置 1 支不含粗 RNA 水解液的试管（仅添加 1.0 mL 10%硫酸、2.0 mL 二苯胺试剂）为对照。

## 五、实验结果

将观察到的各反应现象（颜色变化、沉淀有无）填入下表，判断提取物中是否含有 RNA、DNA 及其他干扰物。

| 样品 | 地衣酚试剂 | 硝酸银试剂 | 硫酸铜反应 | 二苯胺试剂 |
|---|---|---|---|---|
| 粗 RNA | | | | |
| 对照 | | | | |

## 六、注意事项

(1) 沸水浴搅拌提取时应谨慎，避免试管破裂。

(2) 离心前离心管应配平。

(3) 加地衣酚试剂前，水解液需要冷却，以防地衣酚试剂中的浓盐酸遇热爆沸。

(4) 用硝酸银鉴定 RNA 中的嘌呤碱时，除了产生嘌呤银化合物沉淀外，还会产生可溶于氨水的磷酸银沉淀，因此，实验加入氨水消除 $PO_4^{3+}$ 的干扰。

## 七、思考题

(1) 稀碱法提取 RNA 的原理是什么？

(2) 用稀碱法提取酵母 RNA 的过程中需注意什么？

(3) 地衣酚法鉴定 RNA 的实验中，六水三氯化铁（$FeCl_3 \cdot 6H_2O$）或氧化铜（CuO）的作用是什么？

(4) 根据实验现象的观察，试分析从酵母中提取的主要物质除 RNA 外，还包含哪些杂质？

延伸阅读 之十三 CuO 作为催化剂可提高地衣酚试剂对 RNA 的选择性

# 实验十五　核苷酸的分离鉴定——DEAE-纤维素薄层层析法

## 一、实验目标导航

【知识目标】理解 DEAE-纤维素薄层层析法测定核苷酸的原理。
【能力目标】掌握 DEAE-纤维素薄层层析法分离鉴定核苷酸的操作方法。

## 二、实验原理

DEAE-纤维素(DEAE cellulose)为二乙氨乙基纤维素,是离子交换纤维素中使用最为广泛的一种。DEAE-纤维素呈纤维状或颗粒状,主要用于分离中性和酸性蛋白质、多糖、核酸等物质。结构式如下:

$$H_3C-CH_2-N(CH_2-CH_3)-CH_2-CH_2-纤维素$$

薄层层析法是快速分离和定性分析少量物质的一种重要实验技术,属固-液吸附色谱。此法具有快速、灵敏的特点。

DEAE-纤维素属弱碱性阴离子交换剂,在 pH 3.5 左右时 $\diagdown$N— 解离成季胺型 $\diagdown \overset{+}{\underset{H}{N}} \diagup$。

带负电荷的核苷酸离子可与 DEAE-纤维素结合的阴离子进行交换,从而结合在 DEAE 上。改变溶液的 pH 值使各核苷酸携带不同的净电荷,与 DEAE-纤维素的亲和力也就不同,从而达到分离的目的。

## 三、实验材料、器材与试剂

**1. 材料**
核苷酸样品。

**2. 器材**
电动搅拌器,循环水真空泵,1 000 mL 抽滤瓶,布氏漏斗,紫外分析仪,吹风机,4 cm×15 cm 玻璃片,尼龙布,pH 试纸(pH 1~14),水平板,水平仪,铅笔,1 000 mL 烧杯,10 μL 微量点样管,一次性手套。

**3. 试剂**
(1) DEAE-纤维素。
(2) 1 mol/L 氢氧化钠溶液。
(3) 1 mol/L 盐酸溶液。
(4) 0.05 mol/L 柠檬酸-柠檬酸三钠缓冲液(pH 3.5)　称取 16.20 g 柠檬酸,6.70 g 柠檬酸三钠溶于蒸馏水,稀释至 2 000 mL。

## 四、实验操作步骤

### 1. DEAE-纤维素的预处理

首先,用蒸馏水浸泡 DEAE-纤维素,洗涤后抽干。接着,用 4 倍体积 1 mol/L 氢氧化钠溶液浸泡 4 h(或搅拌 2 h),抽干,用蒸馏水洗至中性。然后,用 4 倍体积 1 mol/L 盐酸浸泡 2 h(或搅拌 1 h),抽干,以蒸馏水洗至 pH 4,备用。

### 2. 铺板

将处理过的 DEAE-纤维素加水调成稀糊状,搅匀后立即倒在干净的玻璃板上,涂成均匀的薄层。玻璃板水平静置,待表面水分蒸发后,放入 60℃烘箱烘干,备用。

### 3. 点样

取烘干的薄板,在距一端边缘 2 cm 处用铅笔轻画一条线,为基线。用铅笔点出等距离的点,即为点样点。用微量点样管吸取样液 10 μL,点在基线的点样点上,冷风吹干。注意:控制点样点的直径,不可过大或过小。

### 4. 展层

在烧杯内倒入约 1 cm 高度的 pH 3.5 柠檬酸-柠檬酸三钠缓冲液,把点过样的薄板倾斜放入烧杯内,展层剂由下而上流动开始展层。注意:点样点勿浸入展层剂。

### 5. 紫外检测

当溶剂前沿到达距离玻璃板上端约 1 cm 处,停止层析。取出薄板,标记溶剂前沿,用吹风机吹干,在 260 nm 紫外线的照射下观察层析斑点,用铅笔描出各斑点的轮廓(图 8-1),并测量各斑点从点样点起始的迁移距离以及展层剂从基线至溶剂前沿的距离。

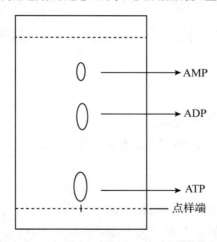

图 8-1　ATP、ADP 和 AMP 的 DEAE-纤维素薄层层析图谱

## 五、实验结果

将测量得到的迁移距离填入下表,计算 3 种核苷酸的 $R_f$ 值及未知样品斑点的 $R_f$ 值,并分析未知样品可能含有哪些核苷酸。

|  | ATP | ADP | AMP | 样品斑点 1 | 样品斑点 2 | 样品斑点 3 |
|---|---|---|---|---|---|---|
| 点样原点到斑点中心的距离/cm |  |  |  |  |  |  |
| 点样原点到溶剂前沿的距离/cm |  |  |  |  |  |  |
| $R_f$ |  |  |  |  |  |  |

### 六、注意事项

（1）DEAE-纤维素用酸、碱处理后，务必用大量蒸馏水洗到中性。
（2）铺板时，DEAE-纤维素糊稀稠要适中，若铺厚板增加稠度，铺薄板则降低稠度。
（3）点样要迅速，否则薄板因吸收空气中的水分而影响分离效果。
（4）点样后，先将薄层板置于紫外灯下检测有无斑点，若无暗斑方可进行展层。
（5）DEAE-纤维素可回收，经处理可反复使用。

### 七、思考题

（1）实验中，AMP、ADP 和 ATP 3 种核苷酸，哪种走在最前端？为什么？
（2）如何用薄层层析法对核苷酸进行定量分析？
（3）薄层层析与纸层析相比，其优劣在哪？
（4）影响核苷酸样品分离效果的因素有哪些？如何控制？

## 实验十六　核酸含量的测定——紫外吸收法

### 一、实验目标导航

【知识目标】理解和熟悉紫外吸收法测定核酸含量的原理。
【能力目标】掌握紫外吸收法测定核酸含量的操作方法，区分核酸的浓度与纯度。

### 二、实验原理

核酸、核苷酸及其衍生物的碱基结构上都存在共轭双键，具有紫外吸收的特征，能够强烈吸收 250~280 nm 波长的紫外光，最大的吸收峰在 260 nm 附近。已知在 260 nm 波长下，浓度为 1 μg/mL 的 DNA 溶液(pH 7.0)吸光度值约为 0.020，浓度为 1 μg/mL 的 RNA 溶液(pH 7.0)吸光度值为 0.022~0.024。因此，可以通过测定未知浓度核酸溶液在 260 nm 下的吸光度值换算出核酸的含量。

紫外吸收法测定核酸含量操作简便、迅速，消耗样品的用量较少，且对被测样品不造成影响。蛋白质的吸收峰在 280 nm 处，而在 260 nm 处的吸收值仅为核酸的 1/10 或更低，故核酸样品中若存在含量较低的蛋白质时，对核酸的紫外测定影响并不大。若样品内混杂有大量的蛋白质等能吸收紫外光的物质时，则易产生较大的误差，应事先设法除去。对于纯净的 RNA 溶液，一般 $A_{260\,nm}/A_{280\,nm} \geqslant 2$；纯净的 DNA 溶液，$A_{260\,nm}/A_{280\,nm} \geqslant 1.8$；如果样品受到蛋白质的污染，比值即下降。

## 三、实验材料、器材与试剂

**1. 材料**

核酸样品 DNA 或 RNA。

**2. 器材**

电子天平，离心机，紫外分光光度计，移液管及移液管架，试管及试管架，容量瓶，洗耳球。

**3. 试剂**

（1）5%~6%氨水　25%~30%氨水稀释5倍。

（2）钼酸铵-高氯酸沉淀剂　取3.6 mL 70%高氯酸和0.250 g 钼酸铵溶于96.4 mL 蒸馏水中，即得0.25%钼酸铵-2.5%高氯酸溶液。

## 四、实验操作步骤

**1. 核酸样品纯度的测定**

（1）样品处理　准确称取待测核酸样品0.5 g，加少量蒸馏水调成稀糊状，再用5%~6%氨水调至 pH 7.0，定容至50 mL。

（2）测定　取2支离心管，1号管内加入2.0 mL 样品溶液和2.0 mL 蒸馏水，2号管内加入2.0 mL 样品溶液和2.0 mL 沉淀剂（已除去大分子核酸，作为对照）。混匀后，冰浴或4℃冰箱中放置30 min。取出，3 000 r/min 离心15 min。分别吸取0.5 mL 上清液，用蒸馏水定容至50 mL。选用光程为1 cm 的石英比色皿，分别测定在260 nm 和280 nm 处的吸光度值。

当已知待测的核酸样品不含酸溶性核苷酸或可透析的低聚多核苷酸时，可将样品配制成20~50 μg/mL 的溶液，在紫外分光光度计上直接测定。相反，如果待测的核酸样品中含有酸溶性核苷酸或可透析的低聚多核苷酸，则需要加钼酸铵-高氯酸沉淀剂，沉淀除去大分子核酸，测定上清液260 nm 处吸光度值作为对照。

**2. 核酸溶液含量的测定**

取2支离心管，甲管内加入2.0 mL 待测的核酸溶液和2.0 mL 蒸馏水，乙管内加入2.0 mL 待测的核酸溶液和2.0 mL 沉淀剂。混匀，冰浴或4℃冰箱中放置30 min。取出，3 000 r/min 离心15 min。将甲、乙两管上清液分别稀释至吸光度值在0.1~1.0。选用光程为1 cm 的石英比色杯，在260 nm 波长下测其吸光度值 $A_{260\,nm}$。

## 五、实验结果

**1. 核酸样品纯度的测定**

将样品在260 nm 和280 nm 处测定的吸光度值填入下表，并计算比值 $A_{260\,nm}/A_{280\,nm}$，判断 RNA 的纯度。

| 测定值 | DNA/RNA | |
|---|---|---|
| | 试管1 | 试管2 |
| $A_{260\ nm}$ | | |
| $A_{280\ nm}$ | | |
| $A_{260\ nm}/A_{280\ nm}$ | | |

**2. 核酸含量的测定**

按照下式计算 DNA（或 RNA）含量：

$$\text{DNA（或 RNA）含量}(\mu g/mL) = \frac{\text{甲}A_{260nm} - \text{乙}A_{260nm}}{0.020(\text{或}0.024)} \times \text{稀释倍数}$$

将 260 nm 波长下测得的吸光度值（$A_{260\ nm}$）和依据公式计算所得的 DNA（或 RNA）含量（μg/mL）填入下表。

| 测定值 | DNA/RNA | |
|---|---|---|
| | 甲管 | 乙管 |
| $A_{260\ nm}$ | | |
| 甲$A_{260\ nm}$ - 乙$A_{260\ nm}$ | | |
| DNA（或 RNA）含量（μg/mL） | | |

## 六、注意事项

（1）石英比色皿应成套使用，妥善使用、防止破损。
（2）离心前必须将离心管平衡，并对称放置入离心机。

## 七、思考题

（1）紫外吸收法测定核酸含量的原理是什么？有何优缺点？
（2）本实验的干扰物质有哪些？如何排除？

# 实验十七　核酸含量的测定——定磷法

## 一、实验目标导航

【知识目标】理解定磷法测定核酸含量的原理。
【能力目标】掌握定磷法测定核酸含量的操作方法。

## 二、实验原理

磷是核酸分子中含量较多的一个组成元素。RNA 平均含磷量为 9.4%，DNA 平均含磷量为 9.2%。因此，实验室中可通过测定核酸中磷的含量来对核酸进行定量分析。测定前，利用浓硫酸与核酸共热使核酸分子中所含的有机磷全部消化为无机磷，然后在酸性条件下，无机磷可与定磷试剂中的钼酸铵反应生成磷钼酸铵。反应式如下：

$(NH_4)_2MoO_4 + H_3PO_4 + H_2SO_4 \longrightarrow (NH_4)_3PO_4 \cdot 12MoO_3 + (NH_4)_2SO_4 + H_2O$

当有还原剂维生素 C 作用时，$Mo^{6+}$ 可被还原成 $Mo^{4+}$，$Mo^{4+}$ 可再与试剂中的其他 $MoO_4^{2-}$ 络合成 $Mo(MoO_4)_2$ 或 $Mo_3O_8$。络合产物呈蓝色，在波长 660 nm 处有最大吸光度值，且在一定的磷浓度范围内，蓝色络合产物的颜色深浅与磷含量成正比。

为消除核酸样品中无机磷(样品未被完全消化的磷)对含量测定的影响，需同时测定样品中的总磷含量和无机磷含量，以总磷含量减去无机磷含量，就能得到样品中的有机磷含量，从而换算出核酸含量。

## 三、实验材料、器材与试剂

**1. 材料**

核酸样品。

**2. 器材**

电子天平，烘箱，干燥器，消化炉，分光光度计，恒温水浴锅，消化管，试管及试管架，试管夹，烧杯，移液管及移液管架，容量瓶，培养皿，称量瓶，瓷质研钵，洗耳球。

**3. 试剂**

(1)标准磷溶液　将磷酸二氢钾(分析纯)置于 105℃ 烘箱烘至恒重后，置于干燥器内，待温度降至室温后，精确称取 0.219 5 g，用重蒸水定容至 50 mL，即为含磷量 1.0 mg/mL 的原液，贮存于冰箱。测定时，稀释 200 倍使含磷量为 5 μg/mL。

(2)定磷试剂　分别配制 6 mol/L 硫酸(A 液)、2.5% 钼酸铵溶液(B 液)、10% 维生素 C 溶液(C 液)，用棕色瓶 4℃ 可贮存一个月，颜色应为淡黄色，若为深黄或棕色则不能使用。临用前，将 A、B、C 液和重蒸水按体积比 1∶1∶1∶2 混匀即得，贮存在棕色瓶里，当天使用。

(3)催化剂　按五水硫酸铜($CuSO_4 \cdot 5H_2O$)与硫酸钾($K_2SO_4$)质量比为 1∶4 进行配制，研成细粉。

(4)浓硫酸。

(5)30% 过氧化氢。

## 四、实验操作步骤

**1. 定磷标准曲线的制作**

取 7 支洗净烘干的硬质玻璃试管，按表 8-1 分别添加各种试剂。

表 8-1 定磷标准曲线的制作

| 试剂 | 试管 | | | | | | |
|---|---|---|---|---|---|---|---|
| | 0 | 1 | 2 | 3 | 4 | 5 | 6 |
| 标准磷溶液/mL | 0 | 0.5 | 1.0 | 1.5 | 2.0 | 2.5 | 3.0 |
| 重蒸水/mL | 3 | 2.5 | 2.0 | 1.5 | 1.0 | 0.5 | 0 |
| 含磷量/μg | 0 | 2.5 | 5 | 7.5 | 10 | 12.5 | 15 |
| 定磷试剂/mL | 3 | 3 | 3 | 3 | 3 | 3 | 3 |

以上试剂加毕后,立即摇匀,放入 45℃ 水浴锅保温 20 min。取出,冷至室温,以 0 号管调零,在分光光度计波长 660 nm 处测定各管的吸光度值。

**2. 核酸中有机磷消化为无机磷**

取 1.0 mL 待测样品液(含 2.5~5 mg 核酸)于消化瓶中,加 1.0 mL 浓硫酸及 50.0 mg 催化剂,置于消化炉上加热至发白烟,样品由黑色变成淡黄色,取下消化瓶稍冷,加入几滴 30% 过氧化氢溶液(勿粘于瓶壁),继续加热,至溶液呈无色或淡蓝色停止。稍冷却,加 1.0 mL 蒸馏水,沸水浴加热 10 min 使焦磷酸分解为磷酸。冷至室温后,用蒸馏水定容至 50 mL。同时做空白对照,空白瓶中不加样品,用等量重蒸水代替,操作同上。

**3. 核酸中总磷含量的测定**

取消化液 1 mL,加水 2 mL,定磷试剂 3 mL,摇匀,于 45℃ 水浴锅内保温 20 min,取出冷至室温,在分光光度计波长 660 nm 处测定吸光度值。

**4. 核酸中无机磷含量的测定**

取未消化的待测样品液 1.0 mL,用蒸馏水定容至 50 mL。从中取 1.0 mL,加蒸馏水 2.0 mL,定磷试剂 3.0 mL,摇匀,于 45℃ 水浴锅内保温 20 min,取出冷却至室温,在分光光度计波长 660 nm 处测定吸光度值。

## 五、实验结果

### 1. 定磷标准曲线的绘制

将分光光度计测得的数据填入下表。以含磷量为横坐标,吸光度值($A_{660\,nm}$)值为纵坐标,绘制定磷标准曲线。

| 试管 | 0 | 1 | 2 | 3 | 4 | 5 | 6 |
|---|---|---|---|---|---|---|---|
| 标准品含磷量/μg | 0 | 2.5 | 5 | 7.5 | 10 | 12.5 | 15 |
| 吸光度值($A_{660\,nm}$) | | | | | | | |

### 2. 样品中的核酸含量

将样品中总磷和无机磷含量的测定相关数值填入下表。

| 测定值 | 总磷 | 无机磷 |
|---|---|---|
| 吸光度值($A_{660\,nm}$) | | |
| 磷含量/μg | | |

依据下列公式计算：

$$有机磷量(\mu g) = 总磷量 - 无机磷量$$

$$样品中核酸含量(\%) = \frac{A \times D}{V \times m \times n} \times 100$$

式中：$A$——有机磷量，$\mu g$；

$D$——稀释倍数，$D = \dfrac{消化后定容体积(mL)}{消化时取样体积(mL)}$；

$V$——测定时取样量，mL；

$m$——样品质量，$\mu g$；

$n$——核酸中含磷量。

## 六、注意事项

(1) 定磷法既可以测定 DNA 的含量又可以测定 RNA 的含量，若 DNA 中混有 RNA 或 RNA 中混有 DNA，将影响结果的准确性。

(2) 钼蓝反应非常灵敏，实验中器皿、试剂中所含微量的杂质磷、硅酸盐、铁离子等将会影响实验结果。

(3) 溶液中的维生素 C 易被氧化，应密封贮存于冰箱中，使用前需检查是否失效；定磷试剂需现用现配。

(4) 消化有机磷时注意调节合适温度，消化液保持微沸状态，防止爆沸和溅出。

(5) 核酸样品应彻底消化，使有机磷完全转化为无机磷。消化不彻底，可使结果偏低。

## 七、思考题

(1) 为什么实验用水的纯度、显色时酸的浓度和钼酸铵的质量对测定结果有较大影响？

(2) 定磷法操作中有哪些关键环节？

(3) 定磷试剂中维生素 C 的作用是什么？如果其已被氧化，是否还能用于配制定磷试剂？为什么？

# 第九章　酶与新陈代谢

## 实验十八　酶的化学特性

### 一、实验目标导航

【知识目标】了解酶的化学特性和催化作用；理解酶的专一性相关概念。

【能力目标】掌握研究酶特异性的原理和实验方法。

### 二、实验原理

**1. 绝大多数酶的化学本质是蛋白质**

普通蛋白质具有双缩脲反应。因此，绝大多数的酶也可进行双缩脲反应。此反应可用于酶的蛋白质本质的验证。两分子尿素分子在加热至 180℃时，可缩合生成一分子双缩脲并放出一分子氨；在碱性溶液中，双缩脲可与硫酸铜结合生成紫红色复合物，这个呈色反应称为双缩脲反应。反应产物的紫红色深浅与蛋白质浓度成正比，而与蛋白质相对分子质量及氨基酸组成无关。

尿素　双缩脲　紫红色络合物

蛋白质　紫红色络合物

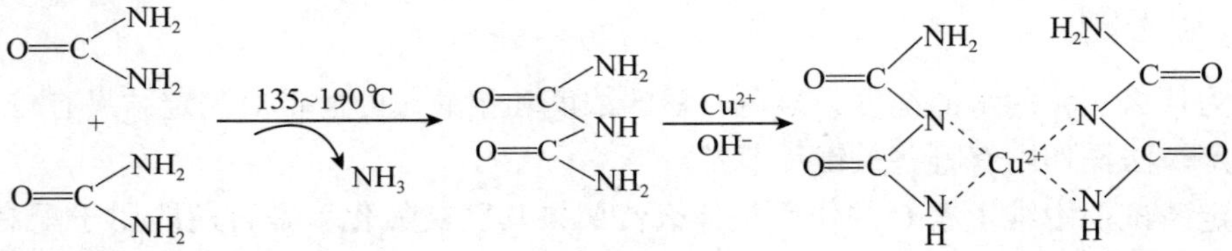

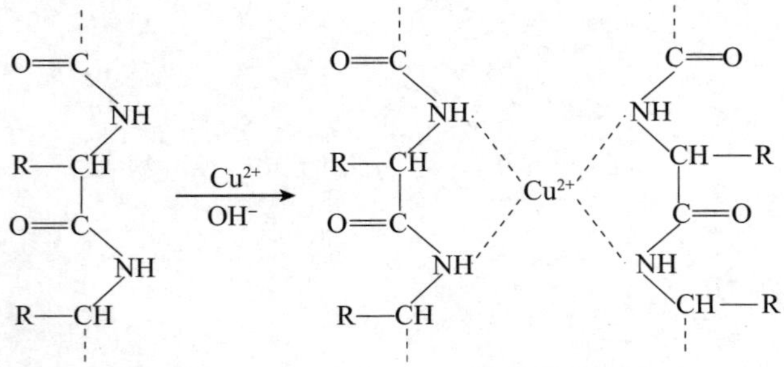

**2. 酶是生物催化剂**

生物体内如果缺少酶，那么绝大多数的化学变化就无法发生或者反应速度极其缓慢。以生物体内进行的尿素分解反应为例，就必须在脲酶的催化下才能进行。脲酶广泛分布于植物、动物和微生物中，在大豆、刀豆中含量丰富，也存在于动物血液和尿中，某些微生物也能分泌脲酶。脲酶只能作用尿素，使尿素水解。

$$O=C(NH_2)_2 + H_2O \xrightarrow{\text{脲酶}} 2NH_3\uparrow + CO_2$$

通过观测脲酶水解尿素反应过程中是否有氨的生成就可了解脲酶催化作用的有无。奈斯勒比色法是测定氨生成的一种常规方法。在碱性环境下，氨可以和奈斯勒试剂反应生成碘化双汞铵。其反应如下：

$$NH_3 + 2(HgI_2 \cdot 2KI) + 3NaOH \longrightarrow O(Hg)_2NH_2I + 4KI + 2H_2O + 3NaI$$

因此，脲酶是否发挥催化作用以及催化能力如何，可用反应产生氨的多少，或者说与奈斯勒试剂反应生成的橙黄色碘化双汞铵生成量的多少，或体系颜色的深浅来进行判断。

**3. 酶的催化具有专一性**

专一性即一种酶仅能作用于一种物质或一类分子结构相似的物质。例如，唾液淀粉酶只能水解淀粉，生成有还原性的麦芽糖，但不能水解蔗糖；蔗糖酶只可以水解蔗糖，生成有还原性的果糖和葡萄糖，却无法水解淀粉。因淀粉和蔗糖无还原性，可用本尼迪克特(Benedict)试剂检查产物的还原性来判断水解反应是否发生。

## 三、实验材料、器材与试剂

**1. 材料**

鸡蛋，鲜酵母，刀豆，唾液。

**2. 器材**

恒温水浴锅，电炉，大试管及试管架，小试管及试管架，试管夹，移液管及移液管架，量筒，洗耳球。

**3. 试剂**

（1）10%氢氧化钠溶液　称取10.0 g氢氧化钠溶于蒸馏水，稀释至100 mL。

（2）1%硫酸铜溶液　称取1.0 g硫酸铜溶于蒸馏水，稀释至100 mL。

（3）0.25%胰蛋白酶溶液　冰箱贮存。

（4）0.25%胃蛋白酶溶液　冰箱贮存。

（5）1.25%卵清蛋白质溶液　冰箱贮存。

（6）1%淀粉液　称取1.0 g可溶性淀粉及0.5 g氯化钠混悬于5 mL蒸馏水中，搅动后缓慢倒入沸腾的60 mL蒸馏水中，继续搅动煮沸1 min，冷却至室温后加蒸馏水至100 mL，冰箱贮存。

（7）2%蔗糖溶液　称取2.0 g蔗糖(分析纯)溶于蒸馏水，稀释至100 mL，现用现配。

（8）蔗糖酶溶液　称取1.0 g新鲜酵母放入研钵中，加少量石英砂和蒸馏水，研磨10 min左右，用蒸馏水稀释至50 mL，静置片刻，过滤，滤液即为蔗糖酶提取液。冰箱贮存。

(9) 唾液淀粉酶　取 1.0 mL 唾液，以蒸馏水稀释 10 倍使用。
(10) 本尼迪克特(Benedict)试剂　也称班氏试剂，见实验一。
(11) 奈斯勒试剂　称取 3.5 g 碘化钾和 1.3 g 氯化汞($HgCl_2$)，溶解于 70 mL 水中，然后加入 4.8 g 氢氧化钠，必要时过滤，保存于密闭的棕色玻璃瓶中。
(12) 1%脲酶液(或 0.2%刀豆粉)。
(13) 1%尿素液。
(14) 1%尿素液(含 NaF)　称取 0.5 g 氟化钠溶于 100 mL 1%尿素液中。
(15) 1/15 mol/L pH 7.0 磷酸缓冲液。

## 四、实验操作步骤

### 1. 酶的蛋白质本质

取 3 支洁净试管，分别标记为 1、2、3，按表 9-1 添加各种试剂，观察各管产生的颜色。

**表 9-1　酶的蛋白质本质鉴定试剂用量**

| 试剂 | 试管 | | |
|---|---|---|---|
| | 1 | 2 | 3 |
| 胰蛋白酶溶液/mL | 2 | | |
| 胃蛋白酶溶液/mL | | 2 | |
| 卵清蛋白酶溶液/mL | | | 2 |
| 10%氢氧化钠溶液/mL | 2 | 2 | 2 |
| 1%硫酸铜溶液/滴 | 5 | 5 | 5 |

### 2. 酶的催化作用

取 10 支洁净小试管，分别标记为 1、2、3、4、5 和 1′、2′、3′、4′、5′。各注入奈斯勒试剂 1 mL，放在试管架上待用。

再取 1 支洁净小试管装脲酶液 10 mL。

另取 2 支洁净大试管作为基质液管，标记为Ⅰ、Ⅱ，分别按表 9-2 操作。

**表 9-2　酶的催化作用实验各试剂用量**

| 试剂 | Ⅰ(正常催化作用) | Ⅱ(去活化作用) |
|---|---|---|
| 1%尿素液/mL | 8 | |
| 1%尿素液(含 NaF)/mL | | 8 |
| 1/15 mol/L pH 7.0 磷酸缓冲液/mL | 12 | 12 |

将盛有 10 mL 脲酶液的试管和盛有基质液的Ⅰ号、Ⅱ号大试管同时移入 37℃恒温水浴，平衡 5 min 以上，再分别进行下面的正常催化作用和去活化作用实验。

正常催化作用组实验：取脲酶液 4 mL 加入正常催化管(Ⅰ号大试管)中，充分混合均匀后，立即从Ⅰ号大试管取出反应液 4 mL 注入 1 号小试管，以后每隔 4 min 取出反应液 4 mL 分别注入 2、3、4、5 号小试管，充分混合均匀后，静置显色 10 min，目测溶液显色情况。

去活化作用组实验：取脲酶液 4 mL 加入去活化作用管（Ⅱ号大试管）中，充分混合均匀，立即从Ⅱ号大试管中取出反应液 4mL 注入 1′号小试管，以后每隔 4 min 取出反应液 4 mL 分别注入 2′、3′、4′、5′号小试管，充分混合均匀后，静置显色 10 min，目测溶液显色情况。

**3. 酶催化作用的专一性**

取洁净试管 4 支，分别按表 9-3 加入下列试剂。各管充分混匀后，置于沸水浴中，观察有无砖红色氧化亚铜（$Cu_2O$）产生。

表 9-3　酶催化作用专一性实验各试剂用量

| 试剂 | 试管 | | | |
|---|---|---|---|---|
| | 1 | 2 | 3 | 4 |
| 1%淀粉液/mL | 2 | | 2 | |
| 2%蔗糖溶液/mL | | 2 | | 2 |
| 蔗糖酶溶液/mL | | | | 1 |
| 1∶10 稀唾液/mL | 1 | 1 | | |
| 1∶10 稀唾液(煮沸)/mL | | | 1 | |
| 充分混匀，37℃恒温水浴反应 10 min | | | | |
| 本尼迪克特试剂/mL | 1 | 1 | 1 | 1 |

## 五、实验结果

根据实验情况，将结果依次填入下表，并加以分析。

| 实验项目 | 实验结果 | | |
|---|---|---|---|
| | 试管 | 加入的酶液 | 颜色变化 |
| 酶的蛋白质本质 | 1 | 胰蛋白酶溶液 | |
| | 2 | 胃蛋白酶溶液 | |
| | 3 | 卵清蛋白酶溶液 | |
| | 组别 | | 目测比色描述 |
| 酶的催化作用 | Ⅰ | 正常催化 | |
| | Ⅱ | 去活化 | |
| | 试管 | | 有无砖红色氧化亚铜产生 |
| 酶催化作用的专一性 | 1 | | |
| | 2 | | |
| | 3 | | |
| | 4 | | |

## 六、注意事项

（1）实验所用各种酶液需贮于冰箱保存，以防失活或染菌；稀释后的脲酶液应立即使用，否则酶活力易显著下降。

（2）吸取试剂的各移液管切勿混用；反应试管应清洗干净。

（3）酶的催化作用实验要严格控制和掌握反应时间，否则会影响实验结果颜色梯度。

（4）通过预实验确定合适的唾液稀释比例，实验效果更为显著。

## 七、思考题

（1）什么是双缩脲反应？为什么双缩脲反应可以用来检测酶？

（2）酶的催化作用实验中，正常催化作用组的5支小试管溶液的颜色是渐渐变深还是渐渐变浅呢？为什么？去活化作用组的5支小试管中的颜色有无变化？为什么？

（3）试说明酶催化作用的专一性实验中各试管的颜色有何不同？并解释原因。

延伸阅读 之十四 酶的化学本质认识的发展

# 实验十九　琥珀酸脱氢酶的竞争性抑制作用

## 一、实验目标导航

【知识目标】掌握酶的竞争性抑制作用的概念；理解丙二酸对琥珀酸脱氢酶的竞争性抑制作用。

【能力目标】掌握研究酶的竞争性抑制作用时的常用实验方法；掌握测定琥珀酸脱氢酶活性的简易技术。

## 二、实验原理

琥珀酸脱氢酶（succinate dehydrogenase，SDH）是一种线粒体复合酶，参与琥珀酸氧化为延胡索酸和线粒体电子传递链中电子传递等过程。该酶广泛存在于动物心肌、肝脏、骨骼肌等组织和植物及微生物中，是三羧酸循环中一个重要的酶。测定组织细胞中有无琥珀酸脱氢酶的活性，是初步鉴定三羧酸循环途径是否存在的一种手段。

琥珀酸脱氢酶的主要功能是催化琥珀酸脱氢生成延胡索酸（反丁烯二酸），并将脱下的氢传递给受氢体。在生物体内，受氢体是辅酶——黄素腺嘌呤二核苷酸(FAD)。但为了便于观察，在本实验的试管反应中，采用氧化型亚甲蓝(蓝色)作为受氢体，在接受琥珀酸脱下的氢后可被还原生成无色的甲烯白(还原型亚甲蓝)。这种蓝色到无色的变化过程，肉眼可清晰观察到，可简单称之为亚甲蓝脱色。若琥珀酸脱氢酶的活性越高，则亚甲蓝脱色所需时间越短。因此，在亚甲蓝含量一定的条件下，亚甲蓝脱色所需时间的倒数可用来表征琥珀酸脱氢酶的活力大小。

$$\underset{\text{琥珀酸}}{\begin{matrix}COOH\\|\\CH_2\\|\\CH_2\\|\\COOH\end{matrix}} + \underset{\text{亚甲蓝(蓝色)}}{(H_3C)_2N-\phantom{X}-S-\phantom{X}-N^+(CH_3)_2} \xrightarrow{\text{琥珀酸脱氢酶}} \underset{\text{延胡索酸}}{\begin{matrix}COOH\\|\\HC\\\|\\CH\\|\\COOH\end{matrix}} + \underset{\text{甲烯白(无色)}}{(H_3C)_2N-\phantom{X}-S-\phantom{X}-N^+(CH_3)_2} +H^+$$

由于还原型亚甲蓝极易被空气中的氧所氧化，所以本实验需在无氧情况下进行。通常可采用Thunberg(邓氏)管(图9-1)法，抽去试管中空气再进行。本实验采用简化法，往试管中滴加液体石蜡封闭反应液来制造无氧环境，从而达到不需使用抽真空设备即可观察实验结果的便利。

丙二酸与琥珀酸结构相似，是琥珀酸脱氢酶的竞争性抑制剂，可与琥珀酸竞争酶的活性部位。若琥珀酸脱氢酶已与丙二酸结合，则不能再催化琥珀酸脱氢，这种现象称为竞争性抑制。但如果增加琥珀酸的浓度，则可减弱甚至解除丙二酸的抑制作用。

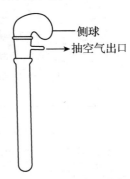

**图 9-1 Thunberg(邓氏)管**

## 三、实验材料、器材与试剂

**1. 材料**

黄豆芽。

**2. 器材**

恒温水浴锅，电炉，研钵，试管及试管架，试管夹，移液管及移液管架，量筒。

**3. 试剂**

(1) 0.87%磷酸氢二钾溶液　称取0.87 g磷酸氢二钾溶于蒸馏水后，定容至100 mL。

(2) 琥珀酸钠溶液　称取0.54 g琥珀酸钠溶于蒸馏水后，定容至100 mL。

(3) 1%丙二酸溶液。

(4) 0.2 mol/L pH 6.0 磷酸缓冲液　称取二水合磷酸氢二钠($NaH_2PO_4 \cdot 2H_2O$) 9.15 g 和十二水合磷酸氢二钠($Na_2HPO_4 \cdot 12H_2O$) 2.87 g 分别溶于蒸馏水后，混合均匀，定容至1 000 mL。

(5) 0.05%亚甲蓝溶液　称取0.05 g亚甲蓝溶于蒸馏水后，定容至100 mL。

(6) 液体石蜡。

## 四、实验操作步骤

### 1. 酶液的提取

称取黄豆芽 3.0 g 置于研钵内,加 2 mL 0.87%磷酸氢二钾溶液,研磨至浆状(无肉眼可见的颗粒),再加入 10 mL 0.87%磷酸氢二钾溶液,混匀,静置 30 min。过滤,弃去残渣,滤液即为酶液。

### 2. 测定

按表 9-4 顺序配制各管试剂。

表 9-4 琥珀酸脱氢酶相对活力测定

| 试剂 | 试管 1 | 试管 2 | 试管 3 |
|---|---|---|---|
| 琥珀酸钠溶液/mL | 2 | 2 | 2 |
| 0.2 mol/L pH 6.0 磷酸缓冲液/mL | 2 | 2.5 | 2.5 |
| 1%丙二酸溶液/mL | 0.5 | | |
| 0.05%亚甲蓝溶液/mL | 1 | 1 | 1 |
| 酶液/mL | 4 | 4 | 4(煮沸并冷却) |

各管溶液加完后,立即混匀,加入液体石蜡封口(其后不能摇动),放入 37℃ 水浴锅保温,并计时。期间定时观察各管颜色变化,并记录各管完全褪色的时间。

## 五、实验结果

记录各管实验现象和结果,并加以解释。

| 试管 | 颜色变化 | 完全褪色时间/min |
|---|---|---|
| 1 | | |
| 2 | | |
| 3 | | |

根据 2 号管的褪色时间,计算琥珀酸脱氢酶相对活力。

$$\text{脱氢酶相对活力}[\text{mg}/(\text{g}\cdot\text{h})] = \frac{\dfrac{\text{亚甲蓝浓度(mg/mL)} \times \text{亚甲蓝用量(mL)}}{\text{酶液用量(mL)}} \times \text{酶液总量(mL)}}{\text{植物材料重(g)} \times \dfrac{\text{作用时间(min)}}{60}}$$

## 六、注意事项

(1) 吸取试剂的移液管切勿混淆,且吸量准确。
(2) 第 3 支试管所加酶液要保证沸水浴中煮沸时间,以使酶完全失活。
(3) 各管加入液体石蜡前,一定要充分混匀;加入液体石蜡之后,不可再晃动试管。
(4) 观察亚甲蓝变色时,不能摇动试管,以免空气进入反应液,干扰实验结果。
(5) 实验结束后,一定要用洗涤剂清洗干净试管,以免石蜡残留对后续实验造成影响。

## 七、思考题

(1) 丙二酸对琥珀酸脱氢酶是否有干扰？为什么？
(2) 在本实验中液体石蜡起什么作用？若将第 2 支试管摇动后，有何变化？为什么？
(3) 若向第 1 支试管补加琥珀酸钠会发生什么现象？为什么？

延伸阅读　之十五　戊二酸是琥珀酸脱氢酶的竞争性抑制剂吗？

# 实验二十　小麦萌发前后淀粉酶活力的比较

## 一、实验目标导航

【知识目标】理解淀粉酶的催化机制和活力测定原理；理解小麦萌发前后淀粉酶活力的差异；了解生物在新陈代谢过程中酶活力的变化。
【能力目标】掌握测定淀粉酶活力的方法。

## 二、实验原理

淀粉是植物体内主要的贮藏性多糖，是人和动物的重要食物以及发酵工业的基本原料。淀粉经淀粉酶水解糖苷键后生成葡萄糖、麦芽糖等小分子物质，进而被有机体利用。生物体中的淀粉酶主要有 $\alpha$-淀粉酶和 $\beta$-淀粉酶两种。$\alpha$-淀粉酶可随机地作用于淀粉中的 D-1,4-糖苷键，生成葡萄糖、麦芽糖、糊精等还原糖，同时可使淀粉的黏度降低，因此又称为液化酶。$\beta$-淀粉酶则主要从淀粉的非还原性末端进行水解，每次水解获得一分子麦芽糖，又被称为糖化酶。

淀粉是种子中贮藏碳水化合物的主要形式。通常在休眠种子中，水解淀粉的淀粉酶活力很弱。随着种子的萌发，淀粉酶的活力会逐渐增强，并随着发芽时间的延长而增加。以小麦种子为例，$\alpha$-淀粉酶活力主要在发芽阶段形成，发芽促进了 $\alpha$-淀粉酶的快速产生直至达最高值，而 $\beta$-淀粉酶活力则随发芽的进行缓慢增加直至达到最大值。

淀粉酶水解淀粉后主要产生麦芽糖、葡萄糖等还原糖，而还原糖能使 3,5-二硝基水杨酸还原成棕色的 3-氨基-5-硝基水杨酸，后者的含量可用分光光度计法测定。因此，可通过检测产生的还原糖的量来反映淀粉酶活力的大小。

## 三、实验材料、器材与试剂

### 1. 材料
小麦种子。

### 2. 器材
离心机,分光光度计,恒温水浴锅,研钵,电炉,容量瓶,试管及试管架,试管夹,移液管及移液管架,纱布。

### 3. 试剂
(1) 1 mg/L 标准麦芽糖溶液　称取 100.0 mg 麦芽糖,用蒸馏水溶解并定容至 100 mL。
(2) 0.02 mol/L pH 6.9 磷酸缓冲液　0.2 mol/L 磷酸二氢钾 67.5 mL 与 0.2 mol/L 磷酸氢二钾 82.5 mL 混合,使用前稀释 10 倍。
(3) 1% 淀粉溶液　称取 1.0 g 淀粉溶于 100 mL 0.1 mol/L pH 5.6 的柠檬酸缓冲液中。
(4) 3,5-二硝基水杨酸(DNS)试剂。
(5) 1% 氯化钠溶液。
(6) 0.4 mol/L 氢氧化钠溶液。
(7) 石英砂。

## 四、实验操作步骤

### 1. 小麦种子的预处理
取适量休眠期的麦粒浸泡 2~3 h,用干净湿润的细砂掩埋麦粒(或用湿润纱布包裹麦粒),置于 25~28℃ 温度下,进行萌发,每隔 12 h 换水一次。

### 2. 麦芽糖溶液标准曲线的制作
取 7 支干净试管,编号,按表 9-5 加入试剂。

表 9-5　麦芽糖标准曲线制作

| 试剂 | 试管 | | | | | | |
|---|---|---|---|---|---|---|---|
| | 0 | 1 | 2 | 3 | 4 | 5 | 6 |
| 1 mg/L 标准麦芽糖/mL | 0 | 0.2 | 0.6 | 1.0 | 1.4 | 1.8 | 2.0 |
| 蒸馏水/mL | 2.0 | 1.8 | 1.4 | 1.0 | 0.6 | 0.2 | 0 |
| 麦芽糖质量/mg | 0 | 0.2 | 0.6 | 1.0 | 1.4 | 1.8 | 2.0 |
| 3,5-二硝基水杨酸试剂/mL | 2.0 | 2.0 | 2.0 | 2.0 | 2.0 | 2.0 | 2.0 |

将各管充分摇匀,沸水浴 5 min。流水冷却,蒸馏水定容至 20 mL。以 0 号试管作为空白,在分光光度计 520 nm 波长下检测各管的吸光度值。

### 3. 淀粉酶液的制备
称取 1.0 g 萌发 3 d 的小麦种子(芽长约 1 cm)置于研钵中,加入少量石英砂和 4 mL 1% 氯化钠溶液,研磨成匀浆。用 6 mL 1% 氯化钠溶液分次将匀浆液洗入离心管中。室温静置 15~20 min,每隔数分钟搅动 1 次,利于其充分提取。将离心管放入离心机,3 000 r/min 离心 10 min。转移上清液至干净容量瓶中,用 0.02 mol/L pH 6.9 磷酸缓冲液定容至 100 mL，摇匀，即为淀粉酶提取液。

用同样的方法制备干燥种子（未萌发）和萌发 1 d、2 d、3 d、4 d 的酶提取液（视具体实验而定）。

### 4. 酶活力的测定

取 6 支试管，编号，分别加入上步提取的各种酶提取液样品各 0.5 mL，40℃恒温水浴保温 15 min，再向各管中加入 40℃预热的 1%淀粉溶液 2.0 mL，摇匀，立即置于 40℃恒温水浴锅保温 5 min。取出，迅速向各管加入 4 mL 0.4 mol/L 氢氧化钠溶液，终止酶反应。最后，向各管加入 2 mL 3,5-二硝基水杨酸试剂。以不加酶提取液的试管作为空白对照管，按照标准曲线制作步骤中的方法进行吸光度值的测定。

## 五、实验结果

### 1. 麦芽糖标准曲线的制作

将分光光度计检测中得到的各管吸光度值记录在下表中。以麦芽糖质量为横坐标，$A_{520\ nm}$ 吸光度值为纵坐标，绘制标准曲线。

| 试管 | 1 | 2 | 3 | 4 | 5 | 6 |
|---|---|---|---|---|---|---|
| 麦芽糖质量/mg | 0.2 | 0.6 | 1.0 | 1.4 | 1.8 | 2.0 |
| 吸光度值（$A_{520\ nm}$） | | | | | | |

### 2. 小麦萌发前后淀粉酶活力的测定

本实验规定：40℃时，在 5 min 内水解淀粉释放出 1 mg 麦芽糖所需的酶量为 1 个活力单位，即 1 g 麦芽中淀粉酶的总活力单位 = 释放出的麦芽糖质量（mg）$\times \dfrac{100}{0.5}$。

根据各样品的吸光度值，从标准曲线上查找计算出不同处理条件下的麦芽糖含量，比较小麦萌发前后的淀粉酶活力变化。

| 测定值 | 干燥/未萌发的种子 | 萌发 1 d 的种子 | 萌发 2 d 的种子 | 萌发 3 d 的种子 | 萌发 4 d 的种子 |
|---|---|---|---|---|---|
| 吸光度值（$A_{520\ nm}$） | | | | | |
| 麦芽糖质量/mg | | | | | |
| 淀粉酶活力 | | | | | |

## 六、注意事项

（1）取样时，弃去萌发种子的小叶子和嫩茎，以免影响后续吸光度值的测定。

（2）样品提取液的定容体积和酶液稀释倍数可根据不同材料酶活力的大小而调整。

（3）为了确保酶促反应时间的准确性，在进行保温操作时，可将各试管每隔一定时间依次放入恒温水浴，准确记录时间，到达 5 min 即取出试管，立即加入 3,5-二硝基水杨酸试剂终止酶反应，以尽量减小各试管因反应时间不同而引起的误差。

（4）实验中按规定顺序加入试剂。

## 七、思考题

(1) 淀粉酶活力测定的原理是什么？
(2) 酶反应中为什么要加入 pH 6.9 的磷酸缓冲液？为什么在 40℃ 进行保温？
(3) 小麦种子萌发过程中淀粉酶活力是如何变化的？其原因和意义分别是什么？

# 实验二十一　糖酵解中间产物的鉴定——抑制剂法

## 一、实验目标导航

【知识目标】加深对糖酵解的理解；了解 3-磷酸甘油醛脱氢酶的催化机制和活力测定原理；理解碘乙酸对 3-磷酸甘油醛脱氢酶抑制作用的原理。

【能力目标】掌握利用抑制剂法鉴定糖酵解代谢过程中某一中间代谢步骤的方法。

## 二、实验原理

在代谢反应正常进行时，中间产物的浓度往往很低，是不易进行分析鉴定工作的。此时，若通过加入某种酶的专一性抑制剂，可使相应的中间产物积累达到一定的浓度，从而便于分析鉴定工作的进行。

3-磷酸甘油醛是糖酵解过程中的中间产物，在受到 3-磷酸甘油醛脱氢酶的催化作用后，会氧化脱氢生成 1,3-二磷酸甘油酸。此代谢步骤是糖酵解过程的第一次氧化脱氢反应。而碘乙酸对 3-磷酸甘油醛脱氢酶具有抑制作用，可使 3-磷酸甘油醛不再继续分解、形成积累。同时，硫酸肼作为稳定剂，可保护积累的 3-磷酸甘油醛不进行自发分解。2,4-二硝基苯肼可与 3-磷酸甘油醛在碱性条件下反应生成 2,4-二硝基苯肼-丙糖的棕色复合物，其棕色程度与 3-磷酸甘油醛含量成正比。因此，可根据颜色深浅的变化，判定糖酵解进行的情况如何。

## 三、实验材料、器材与试剂

**1. 材料**

干酵母粉(市售商品)。

**2. 器材**

恒温水浴锅，试管及试管架，试管夹，移液管及移液管架。

**3. 试剂**

(1) 2,4-二硝基苯肼溶液　称取 0.10 g 2,4-二硝基苯肼溶于 100 mL 2 mol/L 盐酸溶液中，过滤，棕色瓶贮存。

(2) 0.56 mol/L 硫酸肼溶液　称取 7.28 g 硫酸肼溶于 50 mL 蒸馏水，加入 1 mol/L 氢氧化钠调节 pH 值至 7.4，以蒸馏水定容至 100 mL。

(3)10%三氯乙酸溶液　称取 10.0 g 三氯乙酸溶于 100 mL 蒸馏水中。
(4)0.75 mol/L 氢氧化钠溶液。
(5)0.002 mol/L 碘乙酸溶液　称取 3.72 g 碘乙酸溶于 50 mL 蒸馏水，用 1 mol/L 氢氧化钠调 pH 值至 7.4，以蒸馏水定容至 100 mL。
(6)5%葡萄糖溶液。

## 四、实验操作步骤

### 1. 发酵发生的观察

取 3 支洁净试管，分别加入酵母 0.3 g。按表 9-6 分别加入各试剂。将各管充分混匀，37℃保温 1.5 h，观察发酵管产生气泡的量有何不同。

表 9-6　观察发酵产生气泡的各试剂用量

| 试剂 | 试管 | | |
|---|---|---|---|
| | 1 | 2 | 3 |
| 5%葡萄糖溶液/mL | 10 | 10 | 10 |
| 10%三氯乙酸溶液/mL | 2 | | |
| 0.002 mol/L 碘乙酸溶液/mL | | 1 | |
| 0.56 mol/L 硫酸肼溶液/mL | | | 1 |

### 2. 酵解中间产物的鉴定

在 2 号试管中补加 2 mL 10%三氯乙酸溶液，3 号试管中补加 2 mL 10%三氯乙酸溶液、1 mL 碘乙酸溶液和 1 mL 硫酸肼溶液。摇匀，放置 10 min，分别过滤。

另取 3 支试管，分别取上述滤液，按表 9-7 加入各种试剂，观察实验现象。

表 9-7　酵解中间产物的鉴定

| 试剂 | 试管 | | |
|---|---|---|---|
| | 1 | 2 | 3 |
| 滤液/mL | 0.5 | 0.5 | 0.5 |
| 0.75 mol/L 氢氧化钠溶液/mL | 0.5 | 0.5 | 0.5 |
| | 室温静置 10 min | | |
| 2,4-二硝基苯肼溶液/mL | 0.5 | 0.5 | 0.5 |
| | 37℃水浴保温 10 min | | |
| 0.75 mol/L 氢氧化钠溶液/mL | 3.5 | 3.5 | 3.5 |

## 五、实验结果

将实验结果填入下表中，分析判断糖酵解进行的情况如何。

| 试管 | 1 | 2 | 3 |
|---|---|---|---|
| 发酵时产生气泡多少 | | | |
| 棕色产物颜色深浅 | | | |

### 六、注意事项

（1）吸取试剂的各移液管切勿混淆。
（2）实验操作过程中吸量应准确，应严格控制反应时间。
（3）在磷酸丙糖与 2,4-二硝基苯肼进行成腙反应前，溶液须先碱化并在室温放置 10 min，保证生成的颜色稳定才可。
（4）按规定顺序加入试剂，避免错加、多加、漏加。

### 七、思考题

（1）糖酵解的生物学意义有哪些？此实验检查的是糖酵解中的哪些中间产物？
（2）实验中哪个发酵管生成的气泡最多？哪个管最后生成的颜色反应最深？为什么？
（3）三氯乙酸、碘乙酸、硫酸肼 3 种试剂在实验中分别起什么作用？

## 实验二十二　酶促转氨基反应的鉴定——纸层析法

### 一、实验目标导航

【知识目标】了解转氨基作用的含义和意义；理解纸层析法研究代谢的基本原理；了解酶促转氨基反应在中间代谢中的意义。
【能力目标】掌握酶促转氨基反应和纸层析法研究代谢的基本步骤。

### 二、实验原理

转氨基作用是生物体内氨基酸代谢的一个重要生化反应，又称氨基转移作用，是指在转氨酶的催化作用下，一种 α-氨基酸的 α-氨基转移到另一 α-酮酸的 α-碳上，生成相应的新的一分子 α-酮酸和新的一分子 α-氨基酸。转氨基作用可作为沟通蛋白质和糖代谢的桥梁，通过丙酮酸、α-酮戊二酸和草酰乙酸分别形成丙氨酸、谷氨酸、天冬氨酸等非必需氨基酸。组成蛋白质的氨基酸中，除赖氨酸、精氨酸、苏氨酸外，其他的氨基酸都能促成转氨基作用。每种氨基酸都由专一的转氨酶催化，其最适 pH 值接近 7.4。在各种转氨酶中分布最广、活性最大的为谷丙转氨酶（简称 GPT）和谷草转氨酶（简称 GOT）。

本实验采用纸层析法，以谷氨酸和丙酮酸混合溶液在 GPT 作用下进行的反应，来考察酶促转氨基作用，鉴定组织中转氨酶的活性。其反应式为：

$$\text{谷氨酸} + \text{丙酮酸} \underset{}{\overset{GPT}{\rightleftharpoons}} \text{丙氨酸} + \text{α-酮戊二酸}$$

纸层析法是分配层析法的一种，常以滤纸作为惰性支持物。滤纸纤维上的羟基具有亲水性，可吸附一层水分子作为固定相，而有机溶剂则为流动相。用纸层析法鉴定混合物时，被分离的混合物中各组分的物理、化学性质（分子的形状和大小、分子的极性、吸附力、分子亲和力、分配系数等）各不相同，各组分会不同程度地分布在两相（固定相和流动相）中。当有机溶剂（流动相）沿滤纸流动经过层析点时，各组分就会在水相和有机相之间不断地进行分配，从而达到分离的目的。物质被分离后，在纸层析图谱上的位置可用比移值（$R_f$）来表示：

$$R_f = \frac{样品原点到斑点中心的距离}{原点到溶剂前沿的距离}$$

谷氨酸和丙氨酸是理化性质不同的两种氨基酸，前者为亲水性氨基酸，后者为疏水性氨基酸，二者在固定相与流动相中的分配程度不同，因而流速也不同。利用茚三酮反应的显色，可肉眼分辨出移动距离不同的各个斑点。通过对不同样品移动距离的测定，进而计算出各斑点的 $R_f$ 值，以达到检测的目的。

## 三、实验材料、器材与试剂

### 1. 材料
猪肝。

### 2. 器材
恒温水浴锅，离心机，干燥箱，试管及试管架，试管夹，组织研磨仪，剪刀，移液管及移液管架，圆形滤纸（15 cm），培养皿，毛细管，直尺，铅笔。

### 3. 试剂
（1）0.1 mol/L 谷氨酸溶液　称取 1.47 g 谷氨酸溶于 100 mL 1% 磷酸钾溶液中。
（2）1% 丙酮酸钠溶液。
（3）0.5% 标准丙酮酸溶液。
（4）0.5% 标准谷氨酸溶液。
（5）展层剂　95% 乙醇：水：苯酚 = 80：20：8（mL/mL/g），充分混匀。
（6）茚三酮　按展层剂 0.25% 的比例将茚三酮加入展层剂中，使其溶解。
（7）0.1 mol/L pH 7.5 磷酸缓冲液。
（8）50% 乙酸溶液。
（9）0.9% 氯化钠溶液。

## 四、实验操作步骤

### 1. 酶液的提取
称取猪肝脏 3.0 g，剪碎，置于组织研磨仪中，加入 2 mL 0.9% 氯化钠溶液，进行研磨。将匀浆液转移到离心管中。另用 2 mL 0.9% 氯化钠冲洗组织研磨仪的研磨腔，溶液合并入上述离心管中，4 000 r/min 离心 5 min。弃沉淀，保留上清液，即为粗酶液。

### 2. 酶促反应
移取 0.5 mL 粗酶液于玻璃试管中，沸水浴 10 min，流水冷却。另取 2 支试管，编号，

表 9-8　酶促反应

| 试管 | 0.1 mol/L 谷氨酸溶液/mL | 1%丙酮酸钠溶液/mL | 0.1 mol/L pH 7.5 磷酸缓冲液/mL | 酶液/mL |
|---|---|---|---|---|
| 1(待测) | 0.5 | 0.5 | 2.0 | 0.5 |
| 2(对照) | 0.5 | 0.5 | 2.0 | 0.5(已处理) |

先向 2 号试管加入 0.5 mL 处理后的粗酶液和 50%乙酸 5 滴,然后按表 9-8 加入各种试剂。

将各管充分摇匀,置于 37℃保温 30 min。取出后,向 1 号管滴加 5 滴 50%乙酸溶液终止反应,再将 1、2 号管置于沸水浴中 2 min,使蛋白质沉淀,流水冷却,4 000 r/min 离心 5 min,留取上清液备用。

**3. 用纸层析鉴定反应结果**

(1)纸的处理　取 15 cm 的圆形滤纸一张,对折两次后找到圆心,用铅笔点出圆心部位,在 4 个扇形的中央对称线上点出 4 个距离圆心 1 cm 的点,并以此点为圆心画出直径为 2~3 mm 的圆圈作为点样圈(避开对角线折痕处),用铅笔在点样圈旁边标注 4 个样品的名称,分别为谷氨酸、丙氨酸、测试管、对照管,在滤纸的背面边缘标注班级、姓名等信息。

(2)点样　用毛细管吸取样品后,在标记的点样处轻蘸,保证样液在纸上吸收扩散的直径不超过标记的点样圈(直径 2~3 mm)。点样次数为标准品 2~3 次,样品 3~5 次。注意:每次点样要待上一次的样品稍干燥后再操作,否则会因滤纸吸收的液体过多而扩散面积超过点样圈。

(3)层析　另取 3 cm×5 cm 大小的滤纸,沿长边剪出一些长条(不剪断),然后沿长边卷起呈"灯芯",插入滤纸圆心处(已剪开一个圆形小孔)。剪开的长条朝下,并向外拆开,呈刷状;滤纸上端为卷起的"灯芯",为圆柱形,并进行调整使其不超过纸面过长。将滤纸平放在盛有层析液培养皿上,拆开的刷状"灯芯"在滤纸下端与展层溶剂接触,用大小相同的培养皿轻压在滤纸上。展层时长约 1.5 h。

(4)显色　取出滤纸,置于 105~110℃烘箱烘干 5 min,观察结果。

## 五、实验结果

测量各层析斑点中心处到点样原点的距离和溶剂前沿到点样原点的距离,填入下表。

| 测定值 | 谷氨酸 | 丙氨酸 | 测试管 斑点 1 | 测试管 斑点 2 | 对照管 |
|---|---|---|---|---|---|
| 点样原点到层析斑点中心的距离/cm | | | | | |
| 点样原点到溶剂前沿的距离/cm | | | | | |
| $R_f$ 值 | | | | | |

计算各种斑点的 $R_f$ 值,并将测试管和对照管斑点的 $R_f$ 值与已知氨基酸的 $R_f$ 值进行对比,确定它们各是什么氨基酸,并据此解释转氨基作用。

### 六、注意事项

(1) 猪肝在研磨前要尽可能的剪碎,否则影响提取酶液的含量。
(2) 对照管的酶液需要先进行失活处理。
(3) 样液勿点在滤纸的折痕上,以免影响层析剂的扩散。
(4) 点样时使用的毛细管应专管专用,切勿混淆。
(5) 操作时,保持滤纸清洁,以免污染。
(6) 滤纸"灯芯"卷得不要太紧,略呈空心的圆筒状。

### 七、思考题

(1) 人体常见的转氨酶主要有哪两种?它们的临床意义是什么?
(2) 实验操作中的关键步骤有哪些?
(3) 本实验是一个定性实验,如果要进行定量检测应如何实现?

## 实验二十三　血液中转氨酶活力的测定
## ——2,4-二硝基苯肼法

### 一、实验目标导航

【知识目标】理解转氨酶在代谢过程中的重要作用及其在临床诊断中的意义。
【能力目标】掌握分光光度法测定转氨酶活力的原理和方法。

### 二、实验原理

转氨酶,又称氨基移换酶,主要催化 $\alpha$-氨基酸与 $\alpha$-酮酸间的氨基转移。转氨酶在生物体内分布广泛,种类甚多,其中,谷丙转氨酶(简称 GPT)和谷草转氨酶(简称 GOT)的活力最强。

正常人的血清中转氨酶含量较少。但当心脏或肝脏发生病变时,因细胞膜受到损伤,两个器官内的转氨酶可大量进入血液,导致血清中转氨酶的含量即活力显著增加。所以,在临床上,检查血清中 GOT 和 GPT 的含量对心脏或肝脏疾病的快速诊断具有重要意义。

本实验采用分光光度法测定转氨酶的活力。谷丙转氨酶作用于丙氨酸和 $\alpha$-酮戊二酸,可生成丙酮酸。因 2,4-二硝基苯肼可与有酮基的化合物作用形成苯腙,所以产物丙酮酸可与该试剂作用生成丙酮酸 2,4-二硝基苯腙,并在碱性环境下显棕色,可用分光光度法通过比色测定其含量,进一步可换算出转氨酶的活力。

$$\underset{\text{丙酮酸}}{\underset{|}{\overset{CH_3}{\underset{COOH}{C=O}}}} + H_2N-NH-\underset{\text{2,4-二硝基苯肼}}{\underset{NO_2}{\underset{|}{\bigcirc}}}-NO_2 \xrightarrow{-H_2O} \underset{\text{丙酮酸 2,4-二硝基苯腙}}{\underset{|}{\overset{CH_3}{\underset{COOH}{C=N-NH}}}-\underset{NO_2}{\underset{|}{\bigcirc}}-NO_2}$$

## 三、实验材料、器材与试剂

### 1. 材料
人血清。

### 2. 器材
恒温水浴锅，分光光度计，移液枪，试管及试管架，试管夹，移液管及移液管架，洗耳球。

### 3. 试剂
(1) 0.1 mol/L pH 7.4 磷酸缓冲液。

(2) 2.0 μmol/mL 丙酮酸钠标准溶液 称取 22.0 mg 丙酮酸钠，溶于 0.1 mol/L pH 7.4 磷酸缓冲液中，定容至 100 mL。

(3) 谷丙转氨酶底物 称取 α-酮戊二酸（分析纯）29.2 mg 和 DL-丙氨酸 1.78 g（或 L-丙氨酸 0.90 g）置于小烧杯内，加 1 mol/L 氢氧化钠溶液约 10 mL 使其完全溶解。用 1 mol/L 氢氧化钠溶液或 1 mol/L 盐酸溶液调 pH 值至 7.4，再加 0.1 mol/L pH 7.4 磷酸缓冲液至 100 mL。加氯仿数滴可起到防腐的作用。此溶液每毫升含 α-酮戊二酸 2.0 μmol，丙氨酸 200 μmol。

(4) 2,4-二硝基苯肼溶液 称取 2,4-二硝基苯肼（分析纯）19.8 mg，加 1 mol/L 盐酸溶液 100 mL，置于暗处并不时摇动，待 2,4-二硝基苯肼全部溶解后，过滤，贮于棕色瓶，冰箱保存。

(5) 0.4 mol/L 氢氧化钠溶液。

## 四、实验操作步骤

### 1. 标准曲线的绘制
取 6 支洁净试管，分别标记为 0、1、2、3、4、5，按表 9-9 所列的次序添加各试剂。

表 9-9 标准曲线的绘制

| 试剂 | 试管 | | | | | |
|---|---|---|---|---|---|---|
| | 0 | 1 | 2 | 3 | 4 | 5 |
| 丙酮酸钠标准溶液/mL | 0 | 0.05 | 0.10 | 0.15 | 0.20 | 0.25 |
| 谷丙转氨酶底物/mL | 0.50 | 0.45 | 0.40 | 0.35 | 0.30 | 0.25 |
| 0.1 mol/L pH 7.4 磷酸缓冲液/mL | 0.10 | 0.10 | 0.10 | 0.10 | 0.10 | 0.10 |
| 37℃恒温水浴中保温 10 min | | | | | | |
| 2,4-二硝基苯肼试剂/mL | 0.5 | 0.5 | 0.5 | 0.5 | 0.5 | 0.5 |
| 充分混匀，保温 20 min | | | | | | |
| 0.4 mol/L 氢氧化钠溶液/mL | 5 | 5 | 5 | 5 | 5 | 5 |

各管充分混匀，室温静置 30 min。以 0 号管作为空白对照，在分光光度计波长 520 nm 处测定 1~5 号试管溶液吸光度值。

**2. 酶活力的测定**

取 3 支洁净试管，分别标记为 0、1、2，按表 9-10 添加试剂。

**表 9-10　样品酶活力的测定**

| 试剂 | 试管 | | |
|---|---|---|---|
| | 0 | 1 | 2 |
| 谷丙转氨酶底物/mL | 0.5 | 0.5 | 0.5 |
| | 37℃水浴恒温 10 min | | |
| 血清/mL | | 0.1 | 0.1 |
| | 37℃水浴继续保温 60 min | | |
| 2,4-二硝基苯肼试剂/mL | 0.5 | 0.5 | 0.5 |
| 血清/mL | 0.1 | | |
| 0.4mol/L 氢氧化钠溶液/mL | 5 | 5 | 5 |

将各管充分混匀，室温下静置 30 min，以 0 号管作为空白对照，在分光光度计波长 520 nm 处测定 1、2 号管的吸光度值。

## 五、实验结果

**1. 标准曲线的绘制**

将 1~5 支试管测得的吸光度值记录在下表中，以丙酮酸含量（μmol）为横坐标，吸光度值（$A_{520\,nm}$）为纵坐标，绘出标准曲线。

| 试管 | 1 | 2 | 3 | 4 | 5 |
|---|---|---|---|---|---|
| 丙酮酸含量（μmol） | | | | | |
| 吸光度值（$A_{520\,nm}$） | | | | | |

**2. 样品酶活力的测定**

在标准曲线上查找出 2 支试管对应的丙酮酸含量（μmol），填入下表。用 1 μmol 丙酮酸的生成量代表 1 个酶活力单位，计算 100 mL 血清中转氨酶的总活力单位数。

| 试管 | 1 | 2 |
|---|---|---|
| 吸光度值（$A_{520\,nm}$） | | |
| 丙酮酸含量（μmol） | | |

## 六、注意事项

（1）吸量应准确，并严格控制反应时间和温度。
（2）在测定转氨酶活力时，应事先将底物、血清分别置于 37℃水浴保温后再进行反应。

(3) 在测定时,如酶活力较大,应将样品稀释相应倍数后再进行测定。

## 七、思考题

(1) 转氨酶活力在临床诊断中有什么意义?
(2) 本实验为什么不宜采用溶血标本?

延伸阅读 之十六 血液体检报告单中的"转氨酶"

# 第十章 综合性实验

## 实验二十四 真菌多糖的提取与鉴定

### 一、实验目标导航

【知识目标】了解真菌多糖制备、纯化的一般原理；了解真菌多糖鉴定的工作原理。
【能力目标】掌握真菌多糖制备和纯化的操作方法和技术；熟悉和掌握真菌多糖鉴定的方法。

### 二、实验原理

多糖(polysaccharide)，又称多聚糖，是由10个以上单糖通过糖苷键缩合而成的高分子聚合糖链，属碳水化合物。如果是由相同的单糖组成，称为同多糖，如淀粉、纤维素和糖原；若以不同的单糖组成，则称为杂多糖，如阿拉伯胶是由戊糖和半乳糖等组成。多糖不是一种纯粹的化学物质，而是聚合程度不同的物质的混合物。目前已知的天然多糖包括真菌多糖、植物多糖、动物多糖、藻多糖、细菌多糖等。其中，真菌多糖是一类由真菌子实体(或菌丝体)或真菌发酵液分离提取得到的天然高分子化合物。真菌多糖大多无甜味，不能形成结晶，无还原性，无变旋性，但有旋光活性。真菌多糖是一种糖苷，可以水解并最终得到单糖。不同类型的真菌多糖，其组成单元及各种成分的含量也不同，且性质各异。如香菇多糖是高分子葡聚糖，具有$\beta$-(1→3)糖苷键连接的主链和$\beta$-(1→6)糖苷键连接的支链，银耳多糖的主链结构是由$\alpha$-(1→3)糖苷键连接的甘露聚糖，而支链是由葡萄糖醛酸和木糖组成。

多糖溶于水，但不溶于醇、醚、丙酮等有机溶剂，因此可采用热水浸提结合乙醇沉淀(即水提醇沉)的方法分离提取多糖。此外，季铵盐络合法也是常用的多糖纯化方法之一。十六烷基三甲基溴化铵(CTAB)、十六烷基氯化吡啶(CPC)等阳离子表面活性剂可与多糖形成季铵盐络合物，利用季铵盐络合物不溶于低离子强度水溶液，但在离子强度大时可以溶解、解离的特点，可进行多糖的提取分离。

多糖含量的测定方法有苯酚硫酸比色法、间羟基联苯比色法、硫酸-咔唑比色法等。其中，硫酸-咔唑比色法是一种常见的被广泛应用于糖醛酸含量测定的方法。多糖经水解生成半乳糖醛酸，在硫酸中与咔唑试剂发生缩合反应，可生成紫红色化合物，此化合物的生成可用于多糖的定性鉴定。此外，该紫红色化合物在波长530 nm处有最高吸收峰，且呈色强度与半乳糖醛酸含量成正比，可用该法进行比色定量。

关于多糖组分的鉴定方法可以采用薄层层析法来进行。经过薄层层析显色后，通过比较多糖水解所得的单糖斑点与单糖标样参考斑点之间的$R_f$值，可初步确定样品中多糖的单糖组分。

本实验以银耳子实体为原料，利用热水浸提、乙醇沉淀得到粗多糖，再用十六烷基三甲基溴化铵（CTAB）络合法进一步精制得到银耳多糖纯品，通过咔唑反应生成红色化合物定性鉴定单糖衍生物，并采用薄层层析法分析单糖组分。

### 三、实验材料、器材与试剂

**1. 材料**

银耳子实体。

**2. 器材**

电子天平，电炉，离心机，恒温水浴锅，层析缸，干燥箱，喷雾器，研钵，量筒，烧杯（500 mL），玻璃棒，铁架台，分液漏斗，试管及试管架，移液管及移液管架，试管夹，洗耳球，玻璃板，毛细管，滴管，直尺，铅笔。

**3. 试剂**

（1）0.95%硼酸-硫酸溶液　称取 0.95 g 硼酸溶于 100 mL 浓硫酸。

（2）0.125%咔唑试剂　称取 0.125 g 咔唑溶于 100 mL 无水乙醇。

（3）2 mol/L 氢氧化钠溶液。

（4）2%十六烷基三甲基溴化铵溶液（CTAB）。

（5）2 mol/L 氯化钠溶液。

（6）0.3 mol/L 磷酸二氢钠溶液。

（7）1 mol/L 硫酸溶液。

（8）展开剂　乙酸乙酯：无水乙醇：水：吡啶＝8：1：2：1。

（9）显色剂　1,3-二羟基萘硫酸溶液（0.2% 1,3-二羟基萘乙醇溶液：浓硫酸＝1：0.04）。

（10）硅藻土。

（11）5%三氯乙酸-正丁醇溶液。

（12）活性炭。

（13）95%乙醇。

（14）无水乙醇。

（15）乙醚。

（16）硅胶。

（17）氢氧化钡。

（18）阿拉伯糖、木糖、甘露糖、葡萄糖、葡萄糖醛酸标准品。

### 四、实验操作步骤

**1. 真菌多糖的制备**

（1）提取　称取银耳子实体 5.0 g，于研钵中研磨，以 400 mL 蒸馏水洗研钵，将研磨干粉全部转移至 500 mL 烧杯中，沸水浴加热搅拌 10 h。冷却至室温，4 000 r/min 离心 30 min，弃残渣。上清液用硅藻土（每 100 mL 加 0.5 g）助滤，滤液于 80℃水浴中进行浓缩。

（2）有机酸除杂　在上述浓缩液中加入等体积5%三氯乙酸-正丁醇溶液，转移至分液漏斗，混匀分层后，留取下层清液。

（3）脱色、透析　往上述下层清液中小心加入2 mol/L氢氧化钠溶液调节溶液pH值至7.0±0.1，加热后再加入1%活性炭脱色，过滤。取滤液进行流水透析12 h，透析液于80℃水浴中浓缩至100 mL以下。

（4）乙醇沉析　往上述浓缩液中加入3倍体积的95%乙醇，混合均匀，4 000 r/min离心10 min，弃上清。沉淀以无水乙醇洗涤2次，用乙醚洗涤1次，每次洗涤完通过离心去除有机溶剂。最终收集到的沉淀物即为真菌多糖粗品。干燥后，称重。

**2. 真菌多糖的纯化**

对上步得到的真菌多糖粗品用100倍体积的50℃热水复溶，4 000 r/min离心10 min后除去不溶物。上清液加2% CTAB至沉淀完全。搅匀，静置4 h，4 000 r/min离心10 min，弃上清液。用热水洗沉淀3次，每次洗涤完通过离心去除上清液，收集沉淀。

沉淀溶于100倍体积2 mol/L氯化钠溶液中，60℃水浴中解离4 h，4 000 r/min离心10 min。离心得到的上清液流水透析12 h。透析液置于80℃水浴锅中进行浓缩，再加3倍体积的95%乙醇，混匀，静置4~6 h，4 000 r/min离心10 min，收集沉淀。

沉淀用无水乙醇洗2次，乙醚洗1次，每洗一次均离心留取沉淀。最后对沉淀进行干燥，即得真菌多糖精品，称重。

**3. 多糖鉴定的准备**

分别取真菌多糖粗品、真菌多糖精品0.5 g，蒸馏水溶解，定容至100 mL，备用。

**4. 咔唑反应**

取真菌多糖粗品、真菌多糖精品的溶解液各1 mL于试管中，于冰浴环境下缓缓加入5 mL 0.95%硼酸-硫酸溶液，边加边轻微摇动。充分混匀后，沸水浴中加热30 min，流水冷却至室温，加入0.2 mL 0.125%咔唑试剂，混合均匀，沸水浴中再加热，适时观察试管中溶液颜色的变化。

**5. 薄层层析鉴定多糖**

（1）薄层板制备　称取硅胶5 g置于50 mL烧杯中，加入12 mL 0.3 mol/L磷酸二氢钠溶液，玻璃棒缓慢搅拌至硅胶分散均匀，铺在7.5 cm×10 cm大小的玻璃板上，110℃活化1 h，备用。

（2）点样　取0.2 mL真菌多糖精品溶液于2.0 mL离心管中，加入1 mL 1 mol/L硫酸溶液于沸水浴中水解2 h。滴加饱和氢氧化钡中和至中性，过滤除去硫酸钡沉淀，留取上清液作为多糖精品的分析用样品。在薄层板一底边2.0 cm处用铅笔轻轻画一条直线，用毛细管取真菌多糖精品分析用样品和单糖标准品进行点样，点样直径控制在2~4 mm，样品点间的距离为1.5~2.0 cm。

（3）展层　点样完，将薄层板的点样端向下置于展开剂中，保持展层剂的深度为距薄层板底边0.5~1.0 cm，样点切勿浸入展层剂中。密封，待展层剂上行至距薄层板上端1 cm处时，取出薄层板，晾干。

（4）显色　晾干后的薄层板置于100℃干燥箱内烘烤30 min，将显色剂均匀喷洒在薄层板上。110℃下烘烤、显色。

## 五、实验结果

（1）分别计算实验过程中真菌多糖粗品、真菌多糖精品的得率。
（2）根据咔唑反应呈现的颜色，分析有哪些单糖衍生物的组成成分。
（3）薄层显色后，根据表10-1填入各项测量数据，参考斑点颜色、相对位置，对样品与标准样的图谱进行比较，根据公式 $R_f = \dfrac{点样原点到层析斑点中心的距离}{点样原点到溶剂前沿的距离}$，计算 $R_f$ 值，分析样品中的单糖组分。

表10-1 薄层层析结果处理

| 测定值 | 阿拉伯糖<br>标准品 | 木糖<br>标准品 | 甘露糖<br>标准品 | 葡萄糖<br>标准品 | 葡萄糖醛酸<br>标准品 | 银耳多糖 | | | | |
| --- | --- | --- | --- | --- | --- | --- | --- | --- | --- | --- |
| | | | | | | 斑点1 | 斑点2 | 斑点3 | 斑点4 | 斑点5 |
| 点样原点至层析斑点中心的距离/cm | | | | | | | | | | |
| 点样原点至溶剂前沿的距离/cm | | | | | | | | | | |
| $R_f$ 值 | | | | | | | | | | |

## 六、注意事项

（1）在真菌多糖的制备全过程中注意控制温度。
（2）薄层层析时，样品点在薄层板上的间隔距离可视样品斑点扩散情况而定，以不影响检出为宜。点样时注意勿损伤薄层表面。

## 七、思考题

（1）以热水提取多糖是否会破坏多糖的结构？
（2）简述咔唑反应鉴定单糖衍生物的原理。
（3）薄层层析法的基本原理是什么？其优点是什么？

## 实验二十五　牛奶酪蛋白的提取与含量测定

### 一、实验目标导航

【知识目标】理解蛋白质的两性解离性质、等电点沉淀法提取蛋白质的原理；掌握双缩脲法定量测定蛋白质含量的基本原理。

【能力目标】掌握pH沉淀反应法测定蛋白质等电点的实验方法；掌握用等电点沉淀法制备牛奶酪蛋白的技术；掌握双缩脲法测定蛋白质含量的操作技术。

## 二、实验原理

蛋白质是一种亲水性的两性离子,在一定 pH 值溶液中能维持稳定的状态。蛋白质分子的解离状态和解离程度受溶液酸碱度的影响较大。当溶液 pH 值达到某一数值时,蛋白质分子所携带的正负电荷数目相等,在电场中既不向阴极移动,也不向阳极移动,此时溶液的 pH 值称为该蛋白质的等电点(pI)。不同的蛋白质,因化学结构的差异,等电点的数值是不尽相同的。但在等电点时,蛋白质的溶解度最小,容易沉淀析出。这种利用不同蛋白质具有不同的等电点,且处于等电点时蛋白质溶解度最低的特点进行分离蛋白质的方法,称为等电点沉淀法。但有些特殊的两性物质,即使在某一等电点时,仍具有一定程度的溶解性,并不能完全沉淀下来,因此,单独利用等电点沉淀法来分离生化产品的效果并不太理想,特别是在同一类两性物质的等电点十分接近时。因此,生产中常选择有机溶剂沉淀法、盐析法等与之并用,以便获得较好的分离效果。

牛奶是一种稳定的悬浮状、乳浊状胶体,主要由水、脂肪、蛋白质、乳糖和盐组成。牛奶中最主要的蛋白质是酪蛋白,是含磷蛋白质的复杂混合物,约占蛋白质总量的 80%。酪蛋白的含量是衡量牛奶营养价值的一个重要指标。酪蛋白为白色、无味、无臭的粒状固体,不溶于水、乙醇及有机溶剂,但溶于碱溶液,其等电点(pI)约为 4.7。牛奶中的酪蛋白含量,一般在 35 g/L 左右。

双缩脲($NH_2$—CO—NH—CO—$NH_2$)是两分子尿素(脲)经 180℃ 左右加热后缩合而成的产物,伴随一分子氨($NH_3$)的释放。在碱性环境中,双缩脲与铜离子($Cu^{2+}$)作用形成紫红色络合物,反应被称为双缩脲反应。蛋白质分子中具有的肽键结构与双缩脲结构十分相似,因此也会在碱性环境中与 $Cu^{2+}$ 络合生成紫红色化合物。蛋白质分子的肽键数目越少,紫红色越浅,越接近浅红色;相反,则越接近紫蓝色。由于双缩脲反应法主要涉及肽键,受蛋白质特异性影响较小,与蛋白质的氨基酸组成及相对分子质量无关,因而该方法可应用于蛋白质(检测范围 1~10 mg)的定性或定量测定。

需要注意的是,发生双缩脲反应,一般需要含有两个或两个以上的肽键(—CO—NH—),或与它类似的结构,二肽是不能发生双缩脲反应的(因为只有一个肽键)。另需注意的是,有双缩脲反应的物质不一定都是蛋白质或多肽。除—CO—NH—有此反应外,—CO—$NH_2$、—$CH_2$—、—NH—、—CS—CS—$NH_2$ 等基团也有此反应。$NH_3$ 也可干扰该反应,因为 $NH_3$ 与 $Cu^{2+}$ 可生成深蓝色的络离子$[Cu(NH_3)_4]^{2+}$。干扰此测定的物质还包括 Tris 缓冲剂等在性质上是氨基酸或肽的缓冲剂。双缩脲法通常应用于要求检测快速、准确度要求不高的测定,如存在类脂、色素等,会干扰比色,可以加入四氯化碳进行消除。

本实验通过观察酪蛋白在不同 pH 值溶液中的溶解度来初步测定酪蛋白的等电点,利用蛋白质在等电点时溶解度最低的原理,在适宜的温度下,用缓冲溶液将牛奶 pH 值调至等电点,获得酪蛋白沉淀,然后用水、乙醇、乙醚洗涤共沉淀的杂蛋白、乳糖和脂类等杂质,得到较纯的酪蛋白,最后使用双缩脲反应对提取的酪蛋白进行定量测定。该方法操作简便,对试剂、仪器要求不高,测定结果较准确,可用于牛奶质量的监测。

## 三、实验材料、器材与试剂

### 1. 材料
牛奶(市售商品)。

### 2. 器材
离心机,恒温水浴锅,循环水真空泵,布氏漏斗,抽滤瓶,分光光度计,表面皿,量筒,移液管及移液管架,烧杯(50 mL),试管及试管架,试管夹,洗耳球,滴管。

### 3. 试剂
(1)1.0 mol/L 乙酸溶液  吸取 99.5%乙酸(相对密度 1.05)57.3 mL,加水至 1 000 mL。

(2)0.5%酪蛋白乙酸钠溶液  称取纯酪蛋白 0.5 g,加水约 40 mL 及 0.4 g 氢氧化钠,待酪蛋白完全溶解后,加入 1 mol/L 乙酸 10 mL,用水稀释至 100 mL,冰箱保存。

(3)0.2 mol/L pH 4.7 乙酸-乙酸钠缓冲液  称取三水乙酸钠($NaAc \cdot 3H_2O$)48.18 g,量取乙酸(纯度大于 99.8%)14.76 g,溶解混匀,定容至 3 000 mL。或称取无水乙酸钠 29.05 g,量取乙酸(纯度大于 99.8%)14.76 g,溶解混匀,定容至 3 000 mL。

(4)双缩脲试剂  称取硫酸铜($CuSO_4 \cdot 5H_2O$)2.0 g,酒石酸钾钠($KNaC_4H_4O_6 \cdot 4H_2O$)6.0 g,分别用 250 mL 蒸馏水溶解,转移至 1 000 mL 容量瓶中混合,再加入 10%氢氧化钠溶液 300 mL,边加边摇匀,用蒸馏水稀释至 1 000 mL。此试剂最好保存在塑料瓶中,如无红色或者黑色沉淀出现,可长期使用。

(5)10.0 mg/mL 标准酪蛋白溶液  称取酪蛋白约 7 g,加 0.2 mol/L 氢氧化钠溶液 250 mL,于 40~50℃水浴中搅拌使完全溶解,加蒸馏水至 500 mL,用凯氏定氮法测定该蛋白质溶液的浓度,然后稀释至标准浓度约 10.0 mg/mL。冰箱保存,备用。

(6)0.2 mol/L 氢氧化钠溶液  称取 0.8 g 氢氧化钠,加蒸馏水定容至 100 mL。

(7)95%乙醇。

(8)无水乙醚。

(9)乙醇-乙醚混合液  无水乙醇与乙醚等体积混合。

## 四、实验操作步骤

### 1. pH 沉淀反应测定酪蛋白等电点
取 5 支试管,按表 10-2 准确添加试剂。

表 10-2  pH 沉淀反应测定酪蛋白等电点

| 试剂 | 试管 | | | | |
|---|---|---|---|---|---|
| | 1 | 2 | 3 | 4 | 5 |
| 水/mL | 3.4 | 3.7 | 3.0 | | 2.4 |
| 0.01 mol/L 乙酸/mL | 0.6 | | | | |
| 0.1 mol/L 乙酸/mL | | 0.3 | 1.0 | 4.0 | |
| 1.0 mol/L 乙酸/mL | | | | | 1.6 |
| 0.5%酪蛋白乙酸钠溶液/mL | 1.0 | 1.0 | 1.0 | 1.0 | 1.0 |

待试管中溶液加毕、充分混匀后，室温静置 15 min，观察各试管中溶液的混浊度或沉淀情况。

**2. 牛奶中酪蛋白的提取**

取 6.0 mL 牛奶放入 −20℃冰箱急冻 20 min，取出，3 000 r/min 离心 10 min，小心除去脂肪层，剩余乳液倾倒至 50 mL 烧杯内，置于 40℃恒温水浴中加热 5 min，边缓慢搅拌边加入 10 mL 已同温度预热的 0.2 mol/L pH 4.7 乙酸−乙酸钠缓冲液。混合均匀，室温冷却，3 000 r/min 离心 10 min，弃上清液，沉淀即为酪蛋白粗品。

用 15 mL 蒸馏水分 3 次洗涤酪蛋白粗品（每次 5 mL 左右），注意用玻璃棒轻轻将酪蛋白沉淀悬起，然后在 3 000 r/min 转速下离心 10 min，弃上清液，留沉淀。用乙醇−乙醚混合液再次洗涤沉淀 2 次（每次 5 mL），用无水乙醚洗沉淀 2 次（每次 5 mL），用真空抽滤抽干水分，固体在 50℃烘箱中烘干，得酪蛋白制品。对该制品进行称重、记录，并计算酪蛋白提取得率。

**3. 双缩脲法测定酪蛋白含量**

（1）酪蛋白标准曲线的制作　取 6 支试管，按表 10-3 加入各试剂，制作酪蛋白标准曲线。

表 10-3　酪蛋白标准曲线的制作

| 试剂 | 试管 | | | | | |
|---|---|---|---|---|---|---|
| | 0 | 1 | 2 | 3 | 4 | 5 |
| 标准酪蛋白溶液/mL | 0 | 0.2 | 0.4 | 0.6 | 0.8 | 1.0 |
| 水/mL | 1.0 | 0.8 | 0.6 | 0.4 | 0.2 | 0 |
| 双缩脲试剂/mL | 4.0 | 4.0 | 4.0 | 4.0 | 4.0 | 4.0 |

各管充分混匀、室温放置 30 min 后，以 0 号管作为空白对照管，在分光光度计波长 540 nm 处测定各管的吸光度值。

（2）样品中酪蛋白含量的测定　称取酪蛋白制品 0.10 g，置于 50 mL 烧杯中，加入 5 mL 0.2 mol/L 氢氧化钠溶液，置于 60℃水浴中边加热边搅拌，待完全溶解后，用蒸馏水定容至 100 mL。冰箱保存，备用。

取 4 支试管，按表 10-4 添加试剂。

表 10-4　双缩脲法测定酪蛋白的含量

| 试剂 | 试管 | | | |
|---|---|---|---|---|
| | 0 | 1 | 2 | 3 |
| 样品/mL | 0 | 1.0 | 1.0 | 1.0 |
| 双缩脲试剂/mL | 4.0 | 4.0 | 4.0 | 4.0 |

各管充分混匀、室温放置 30 min 后，以 0 号管作为空白对照管，在分光光度计波长 540 nm 处测定各管的吸光度值。

## 五、实验结果

**1. 酪蛋白等电点的测定**

根据实验现象,以"+、++、+++、-、--"等符号表示各管的浑浊程度或沉淀物的多少,记录在下表中。选择开始混匀后浑浊度最高、静置后沉淀最多的试管,其对应的 pH 值即为牛奶酪蛋白的等电点。

| 试管 | 1 | 2 | 3 | 4 | 5 |
| --- | --- | --- | --- | --- | --- |
| 溶液的最终 pH 值 | 5.9 | 5.3 | 4.7 | 4.1 | 3.5 |
| 溶液混浊沉淀程度 | | | | | |
| 酪蛋白带何种电荷 | | | | | |

**2. 酪蛋白提取得率的计算**

$$酪蛋白提取得率(\%) = \frac{测定含量}{理论含量} \times 100$$

式中:测定含量——酪蛋白克数/100 mL 试样;
  理论含量——3.5 g 酪蛋白/100 mL 牛奶。

**3. 酪蛋白含量的测定**

(1)酪蛋白标准曲线的制作 将各管的吸光度值填入下表。以标准酪蛋白毫克数为横坐标,波长 540 nm 处的吸光度值为纵坐标,绘制酪蛋白标准曲线。

| 试管 | 1 | 2 | 3 | 4 | 5 |
| --- | --- | --- | --- | --- | --- |
| 酪蛋白质量/mg | 2 | 4 | 6 | 8 | 10 |
| 吸光度值($A_{540\,nm}$) | | | | | |

(2)样品中酪蛋白含量的测定 根据测得的各试管吸光度值($A_{540\,nm}$),在标准曲线上查找换算出对应的酪蛋白毫克数,计算酪蛋白溶液的质量浓度(mg/mL)。

| 试管 | 1 | 2 | 3 |
| --- | --- | --- | --- |
| 吸光度值($A_{540\,nm}$) | | | |
| 酪蛋白质量/mg | | | |

## 六、注意事项

(1)各浓度的乙酸溶液配制必须准确。

(2)牛奶中所含的脂肪会干扰酪蛋白的提取,实验中尽量去除干净;或者可以用脱脂牛奶代替,但样品量需提高到 10 mL。

(3)应用等电点沉淀法制备酪蛋白时,调节牛奶乳液的等电点一定要准确,且牛奶与缓冲液均要在相同温度下预热。

(4)在牛奶的预热处理过程中,可能有一些乳清蛋白沉淀析出,其沉淀析出量依热处理条件不同而有差异。

(5) 酪蛋白粗品在加入氢氧化钠后的加热搅拌溶解步骤，必须保证溶解完全。

## 七、思考题

(1) 试说明为什么酪蛋白可在等电点沉淀？
(2) 用乙醇、乙醇–乙醚、乙醚洗涤蛋白质的顺序是否可以变换？为什么？
(3) 为获得较高的酪蛋白产率，实验过程中需要注意哪些问题？
(4) 简述双缩脲法测定酪蛋白含量的原理和优缺点。
(5) 根据本实验是否能够得出凡是蛋白质在等电点时都必然沉淀出来？为什么？

延伸阅读 之十七 中国奶制品污染事件

# 实验二十六 脲酶的提取与动力学分析

## 一、实验目标导航

【知识目标】了解脲酶提取的基本原理；学习酶动力学分析的一般思路和原理。
【能力目标】学会制作脲酶的反应进程曲线；掌握脲酶的酶动力学分析研究中有关米氏常数 $K_m$、最适 pH 值、酸碱稳定性、抑制剂类型的判断等研究技术。

## 二、实验原理

脲酶是将尿素（脲）分解为氨和二氧化碳或碳酸铵的酶。脲酶是最早得到结晶并被证明化学本质是蛋白质的一种酶。该酶具有绝对专一性，只能特异性地催化尿素水解释放氨离子，而后与次氯酸钠及苯酚钠溶液作用生成蓝色靛酚，在波长 630 nm 处有最大吸光度值。氨的含量在 100 μg 以下时，吸光度与浓度呈线性关系。因此，可用次氯酸钠–苯酚钠法测定脲酶的活性。

$$(NH_2)_2CO + 2H_2O \xrightarrow{\text{脲酶}} 2NH_3 + CO_2$$
$$NH_3 + NaOCl \longrightarrow NH_2Cl + NaOH$$
$$NH_2Cl + C_6H_5OH + NaOH \longrightarrow NH_2C_6H_4OH + NaCl + H_2O$$
$$NH_2C_6H_4OH + NaOCl \longrightarrow NHC_6H_4O + NaCl + H_2O$$
$$NHC_6H_4O + NaOCl \longrightarrow OC_6H_4NCl + NaOH$$
$$OC_6H_4NCl + C_6H_5OH + 2NaOH \longrightarrow OC_6H_4NC_6H_4ONa(\text{靛酚}) + NaCl + H_2O$$

酶动力学的分析是酶学研究中的一个重要工作，一般包括酶反应的时间进程曲线、酶反应的最适条件、酶分子的理化性质及酶的分离纯化方法的探索与确定，对于深入了解酶

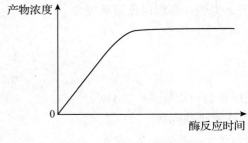

图 10-1 酶反应进程曲线

在生物体中的作用及阐明酶的作用机制具有积极的意义。

时间进程曲线是指酶反应的时间与产物生成量(或底物减少量)之间的关系曲线,一般在酶促反应的最适条件下,每间隔一定时间测定产物生成量,以酶促反应时间为横坐标、产物生成量为纵坐标绘制而成。通过进程曲线(图 10-1)可以了解酶反应随时间推移的变化情况,可得反应的初速度。通常,进程曲线在起始的某一段时间范围内呈直线,其斜率代表酶促反应的初速度(所给反应条件下测得的最大反应速度,是进行酶动力学研究的基础);随着反应时间的延长,曲线的斜率不断下降,酶反应速度逐渐降低,这一现象的原因是随着反应的进行,底物浓度的逐渐降低和产物浓度的增加导致了逆反应的进行,抑或是产物的生成对酶产生了抑制作用,也可能是由于溶液 pH 值和温度等因素的改变致使酶逐渐失活等。因此,要真实反映出酶活力的大小,就应该在产物生成量与酶促反应时间成正比的这一段时间内进行测定,即在进程曲线的初速度时间范围内进行。制作进程曲线、求出酶促反应初速度的时间范围是酶动力学研究的组成部分和实验基础。

米氏常数($K_m$)指的是酶促反应达到最大反应速度($V_{max}$)一半时的底物(S)的浓度,是酶的特征性物理常数,其大小与酶的性质有关,而与温度、pH 值等无关。对于符合米氏方程的酶类,可通过测定底物浓度对反应速度的影响来测算米氏常数和最大反应速度。测定时,在温度、pH 值、酶浓度等因素保持恒定的条件下,将不同浓度的底物分别与酶进行反应并测定相应的酶反应速度,使用双倒数作图法或单倒数作图法可计算出 $K_m$ 和 $V_{max}$。

双倒数作图法,即 Lineweaver-Burk 法,使用时需要将米氏方程改写成倒数形式,即将 $v = \dfrac{V_{max}[S]}{K_m + [S]}$ 改写成 $\dfrac{1}{v} = \dfrac{K_m}{V_{max}} \cdot \dfrac{1}{[S]} + \dfrac{1}{V_{max}}$,以 $\dfrac{1}{v}$ 对 $\dfrac{1}{[S]}$,得一直线(图 10-2),其纵轴截距为 $\dfrac{1}{v_{max}}$,横轴截距为 $-\dfrac{1}{K_m}$,斜率为 $\dfrac{K_m}{V_{max}}$。以酶促反应速度的倒数($1/v$)对底物浓度的倒数($1/[S]$)的作图,因此,$X$ 和 $Y$ 轴上的截距分别代表米氏常数和最大反应速度的倒数。

单倒数作图法,即 Hanes 作图法,使用时需要将米氏方程改写成 $\dfrac{[S]}{v} = \dfrac{K_m}{V_{max}} + \dfrac{1}{V_{max}}[S]$,以

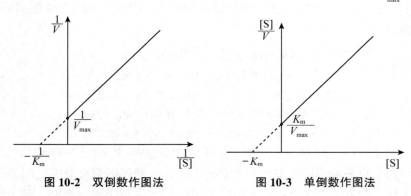

图 10-2 双倒数作图法　　图 10-3 单倒数作图法

$\dfrac{[S]}{v}$ 对 [S] 作图 (图 10-3) 得一直线, 其横轴截距为 $-K_m$, 纵截距为 $\dfrac{K_m}{V_{max}}$, 斜率为 $\dfrac{1}{V_{max}}$。

对酸碱度的高度敏感性是酶的生物学特性之一。pH 值对酶反应速度有着显著的影响, 每一种酶都有一个特定的最适 pH 值, 在此 pH 值下的反应速度最快, 而低于或高于此最适 pH 值时的反应速度都比较慢。这是因为酶反应介质的 pH 值可影响酶分子本身活性中心上必需基团的解离程度, 以及催化基团中质子供体或质子受体所需的离子;状态,也可影响底物、辅酶的解离状态, 从而影响酶与底物的结合; 此外, 过酸过碱的环境还会影响酶蛋白的构象, 甚至使酶变性失活。只有在最适 pH 值条件下, 酶、底物和辅酶的解离情况最适宜于它们互相结合, 使酶促反应速度达到最大值。不同酶有不同的最适 pH 值, 而同一种酶可因底物种类、浓度及缓冲液成分不同而不同。最适 pH 值的测定可在特定的实验条件下, 通过测定不同 pH 值时的酶活性比较而得。操作时以 pH 值为横坐标、酶活性为纵坐标来绘制 pH 值与酶活性的关系曲线, 往往可以得到钟形的曲线, 曲线中反应速度最大时应对的 pH 值即为该酶在此实验条件下的最适 pH 值。

pH 值不仅对酶活性影响很大, 而且对酶的稳定性也有着较大的影响。只有在一定 pH 值范围内(往往为中性左右), 酶才是稳定的。测定酶的酸碱稳定性可以了解该酶稳定状态时所处的 pH 值范围。酸碱稳定性的测定, 是在恒定温度、恒定反应浓度下, 把酶分别置于一系列不同 pH 值的缓冲液里处理一定时间, 然后在某一标准 pH 值或最适 pH 值下进行酶活性的测定。以处理的 pH 值为横坐标、反应速度为纵坐标进行作图, 即可得到酶的酸碱稳定性曲线, 并由此可求出酶的酸碱稳定范围。

当酶反应体系中添加某种物质后, 酶的催化活性得到增强, 这种现象称为酶的激活作用, 添加的物质称为该酶的激活剂。相反, 酶的催化活性也可被加入反应体系的某一物质所减弱, 这时称为酶的抑制作用, 该物质为酶的抑制剂。在一定条件下, 往反应液中添加不同量的激活剂或抑制剂, 然后分别测定酶反应速度, 以激活剂或抑制剂的浓度为横坐标, 相对酶反应速度为纵坐标, 绘制酶的激活曲线或抑制曲线, 从而可知激活剂和抑制剂对酶活性的影响。抑制剂所致的抑制作用可分为可逆抑制作用与不可逆抑制作用两大类。可逆抑制作用又分竞争性抑制作用、非竞争性抑制作用和反竞争性抑制作用几种。通过测定不同抑制剂浓度时的酶反应速度, 然后绘制底物浓度的倒数 $\left(\dfrac{1}{[S]}\right)$ 与反应速度的倒数 $\left(\dfrac{1}{v}\right)$ 曲线, 即可从图中辨别出其属于可逆性抑制的哪一种。

本实验以黑豆为实验材料, 从中提取脲酶, 得粗酶液后经石油醚进行脱脂纯化, 对黑豆脲酶初步纯化的样品进行反应进程曲线、米氏常数 $K_m$、最适 pH 值、酸碱稳定性、抑制剂类型的判断等酶动力学特性的测定与分析。

## 三、实验材料、器材与试剂

**1. 材料**

黑豆。

**2. 器材**

循环水真空泵, 离心机, 恒温水浴锅, 分光光度计, 移液枪, 研钵, 移液管及移液管架,试管及试管架，试管夹，烧杯，量筒，容量瓶，纱布，滴管，计时器，玻璃棒，洗耳球。

### 3. 试剂

（1）1/15 mol/L pH 7.0 磷酸盐缓冲液。

（2）50%尿素　称取 25.0 g 尿素溶于蒸馏水，定容至 50 mL。

（3）0.1 mol/L 盐酸溶液。

（4）苯酚钠溶液　A 液：称取 62.5 g 苯酚溶于少量乙醇中，加 2.0 mL 甲醇和 18.5 mL 丙酮，用乙醇稀释至 100 mL，棕色试剂瓶贮存于冰箱。B 液：称取 27.0 g 氢氧化钠溶于蒸馏水中，定容至 100 mL。临用前取 A 液、B 液各 20 mL 混合，用蒸馏水定容至 100 mL。此混合液不稳定，需现配现用。

（5）次氯酸钠溶液　量取次氯酸钠（NaClO）（活性氯含量不少于 5.2%）52.0 mL，用蒸馏水稀释至 300 mL，贮于棕色瓶内（此溶液较稳定）。

（6）10%尿素。

（7）0.1 mol/L 尿素　称取 0.6 g 尿素，蒸馏水溶解，定容至 100 mL。

（8）0.2 mol/L 磷酸氢二钠（$Na_2HPO_4$）溶液。

（9）0.1 mol/L 柠檬酸溶液。

（10）0.05 mol/L 硼砂溶液。

（11）0.2 mol/L 硼酸溶液。

（12）0.8 mol/L pH 7.0 磷酸盐缓冲液。

（13）0.03 mmol/L 硫酸铜溶液（相当反应体系终浓度 0.003 mmol/L）　称取 254.8 mg 硫酸铜，加 10.0 mL 蒸馏水溶解，配成 100 mmol/L 的硫酸铜溶液，然后取此溶液 1.0 mL，加蒸馏水 9.0 mL，配成 10 mmol/L 的硫酸铜溶液，依此类推。配成 0.1 mmol/L 硫酸铜溶液后，再取 0.1 mmol/L 硫酸铜溶液 3.0 mL，加蒸馏水 7.0 mL，即配成 0.03 mmol/L 硫酸铜溶液。

（14）石油醚。

## 四、实验操作步骤

### 1. 脲酶的提取

取黑豆种子，捣碎、研磨成细粉状后，取粉末 10.0 g 于烧杯中，加 40 mL 石油醚浸泡 20~30 min，抽滤，再加入 40 mL 石油醚浸泡 20~30 min，抽滤，得脱脂豆粉。

称取一定量的脱脂豆粉，加 5 倍体积水，置于 4℃冰箱中，浸提 18~24 h。纱布过滤，滤液在 4 000 r/min 离心 15 min，弃沉淀。往上清液中加入 4 倍体积的 4℃预冷丙酮，混匀，4 000 r/min 离心 15 min，留取沉淀，并以 100 mL 蒸馏水溶解，溶解液即为脲酶提取液，备用。

### 2. 脲酶活性的测定

量取 3.0 mL 50%尿素、3.0 mL 脲酶提取液，分别置于 35℃水浴锅中预热 5 min，用于下表中进行脲酶活性的测定。准备 3 支试管，按表 10-5 添加试剂。添加完毕，将各管混合均匀，置于 35℃恒温水浴中进行发色反应 20 min。反应结束，于分光光度计波长 630 nm 处测定各管的吸光度值。

表 10-5　脲酶活性的测定

| 试剂 | 试管 | | |
|---|---|---|---|
| | 0 | 1 | 2 |
| 50%尿素/mL | 1 | 1 | 1 |
| 酶液/mL | | 1 | 1 |
| 1/15 mol/L pH 7.0 磷酸盐缓冲液/mL | 1 | | |
| | 混合，摇匀 | | |
| | 35℃，反应 15 min | | |
| 0.1 mol/L 盐酸溶液/mL | 0.5 | 0.5 | 0.5 |
| 苯酚钠溶液/mL | 2 | 2 | 2 |
| 次氯酸钠溶液/mL | 1.5 | 1.5 | 1.5 |

### 3. 进程曲线的制作

取 17 支试管，分别编号 1~8，1′~8′（每组设平行管 2 支），1 支设为空白管（以 1/15 mol/L pH 7.0 磷酸盐缓冲液代替酶液），按照表 10-6 加入试剂。将各管混合均匀后，置于 35℃ 恒温水浴中进行发色反应 20 min，于分光光度计波长 630 nm 处测定各管吸光度值。

表 10-6　脲酶反应进程曲线的制作

| 试剂 | 试管 | | | | | | | | |
|---|---|---|---|---|---|---|---|---|---|
| | 0 | 1 | 2 | 3 | 4 | 5 | 6 | 7 | 8 |
| 10%尿素/mL | 1 | 1 | 1 | 1 | 1 | 1 | 1 | 1 | 1 |
| 1/15 mol/L pH 7.0 磷酸盐缓冲液/mL | 1 | | | | | | | | |
| | 35℃恒温水浴预热 5 min | | | | | | | | |
| 35℃预热的 1.0 mg/mL 酶液/mL | | 1 | 1 | 1 | 1 | 1 | 1 | 1 | 1 |
| | 混合，摇匀 | | | | | | | | |
| 精确反应时间/min | | 5 | 10 | 15 | 20 | 25 | 30 | 40 | 60 |
| 0.1 mol/L 盐酸溶液/mL | 0.5 | 0.5 | 0.5 | 0.5 | 0.5 | 0.5 | 0.5 | 0.5 | 0.5 |
| 苯酚钠溶液/mL | 2 | 2 | 2 | 2 | 2 | 2 | 2 | 2 | 2 |
| 次氯酸钠溶液/mL | 1.5 | 1.5 | 1.5 | 1.5 | 1.5 | 1.5 | 1.5 | 1.5 | 1.5 |

### 4. 米氏常数 $K_m$ 的测定

（1）不同浓度尿素溶液的配制　按表 10-7 分别配制 10 mmol/L、20 mmol/L、30 mmol/L、40 mmol/L 尿素溶液。

表 10-7　梯度尿素溶液的配制

| 试剂 | 配制的尿素浓度/(mmol/L) | | | |
|---|---|---|---|---|
| | 10 | 20 | 30 | 40 |
| 反应终浓度/(mmol/L) | 5 | 10 | 15 | 20 |
| 0.1 mol/L 尿素/mL | 1 | 2 | 3 | 4 |
| 1/15 mol/L pH 7.0 磷酸缓冲液/mL | 9 | 8 | 7 | 6 |

（2）$K_m$ 的测定  取 9 支试管，编号 1~4、1′~4′（每组设平行管 2 支），另 1 支试管为空白。按表 10-8 添加试剂。将各管混合均匀，置于 35℃恒温水浴中进行发色反应 20 min，于分光光度计波长 630 nm 处测定吸光度值。

表 10-8  脲酶的米氏常数 $K_m$ 测定

| 试剂 | 试管 | | | | |
|---|---|---|---|---|---|
| | 0 | 1 | 2 | 3 | 4 |
| 配制的尿素浓度/(mmol/L) | | 10 | 20 | 30 | 40 |
| 对应尿素浓度用量/mL | | 1 | 1 | 1 | 1 |
| 1/15 mol/L pH 7.0 磷酸盐缓冲液/mL | 1 | | | | |
| | 35℃恒温水浴预热 5 min | | | | |
| 35℃预热的 4.0 mg/mL 酶液/mL | 1 | 1 | 1 | 1 | 1 |
| | 35℃恒温水浴精确反应 15 min | | | | |
| 0.1 mol/L 盐酸溶液/mL | 0.5 | 0.5 | 0.5 | 0.5 | 0.5 |
| 苯酚钠溶液/mL | 2 | 2 | 2 | 2 | 2 |
| 次氯酸钠溶液/mL | 1.5 | 1.5 | 1.5 | 1.5 | 1.5 |

**5. pH 值对酶活性的影响及酸碱稳定性实验**

（1）不同 pH 值酶反应缓冲液的配制  按表 10-9 配制不同 pH 值的酶反应缓冲液。

表 10-9  不同反应 pH 值缓冲液的配制

| 试剂 | pH 5.0 | pH 6.0 | pH 7.0 | pH 8.0 | 试剂 | pH 9.0 |
|---|---|---|---|---|---|---|
| 0.2 mol/L 磷酸氢二钠溶液/mL | 10.30 | 12.63 | 16.47 | 19.45 | 0.05 mol/L 硼砂溶液/mL | 8.0 |
| 0.1 mol/L 柠檬酸溶液/mL | 9.70 | 7.37 | 3.53 | 0.55 | 0.2 mol/L 硼酸溶液/mL | 2.0 |

（2）pH 值与酶活性的关系  取 11 支试管，编号 1~5、1′~5′（每组设平行管 2 支），另 1 支试管为空白。按表 10-10 添加试剂。将各管混合均匀，置于 35℃恒温水浴中进行发色反应 20 min，于分光光度计波长 630 nm 处测定吸光度值。

表 10-10  pH 值对酶活性的影响

| 试剂 | 试管 | | | | | |
|---|---|---|---|---|---|---|
| | 0 | 1 | 2 | 3 | 4 | 5 |
| 反应 pH 值 | | 5.0 | 6.0 | 7.0 | 8.0 | 9.0 |
| 相应缓冲液/mL | | 1.8 | 1.8 | 1.8 | 1.8 | 1.8 |
| 50%尿素/mL | 0.2 | 0.2 | 0.2 | 0.2 | 0.2 | 0.2 |
| 35℃预热的 10 mg/mL 酶液/mL | | 0.2 | 0.2 | 0.2 | 0.2 | 0.2 |
| 蒸馏水/mL | 2.0 | | | | | |
| | 35℃恒温水浴反应 15 min | | | | | |
| 0.1 mol/L 盐酸溶液/mL | 0.5 | 0.5 | 0.5 | 0.5 | 0.5 | 0.5 |
| 苯酚钠溶液/mL | 2 | 2 | 2 | 2 | 2 | 2 |
| 次氯酸钠溶液/mL | 1.5 | 1.5 | 1.5 | 1.5 | 1.5 | 1.5 |

（3）酸碱稳定性的测定　取11支试管，编号1~5、1′~5′（每组设平行管2支），另1支试管为空白。按表10-11添加试剂。将各管混合均匀，置于35℃恒温水浴中进行发色反应20 min，于分光光度计波长630 nm处测定吸光度值。

表10-11　脲酶酸碱稳定性实验

| 试剂 | 试管 | | | | | |
|---|---|---|---|---|---|---|
| | 0 | 1 | 2 | 3 | 4 | 5 |
| 处理的pH值 | | 5.0 | 6.0 | 7.0 | 8.0 | 9.0 |
| 相应缓冲液/mL | | 0.2 | 0.2 | 0.2 | 0.2 | 0.2 |
| 35℃预热的10 mg/mL酶液/mL | | 0.2 | 0.2 | 0.2 | 0.2 | 0.2 |
| 蒸馏水/mL | 0.4 | | | | | |
| | | | 35℃，处理1 h | | | |
| 1/15 mol/L pH 7.0磷酸盐缓冲液/mL | 1.6 | 1.6 | 1.6 | 1.6 | 1.6 | 1.6 |
| 50%尿素/mL | 0.2 | 0.2 | 0.2 | 0.2 | 0.2 | 0.2 |
| | | | 35℃恒温水浴反应15 min | | | |
| 0.1 mol/L盐酸溶液/mL | 0.5 | 0.5 | 0.5 | 0.5 | 0.5 | 0.5 |
| 苯酚钠溶液/mL | 2 | 2 | 2 | 2 | 2 | 2 |
| 次氯酸钠溶液/mL | 1.5 | 1.5 | 1.5 | 1.5 | 1.5 | 1.5 |

**6. 抑制剂类型的判断**

（1）不同浓度酶液的配制　按表10-12配制。

表10-12　不同浓度酶溶液的配制

| 试剂 | 酶浓度/(mg/mL) | | | | |
|---|---|---|---|---|---|
| | 1.0 | 2.0 | 4.0 | 6.0 | 8.0 |
| 反应系统酶液终浓度/(mg/mL) | 0.25 | 0.5 | 1.0 | 1.5 | 2.0 |
| 10 mg/mL酶液/mL | 0.5 | 1.0 | 2.0 | 3.0 | 4.0 |
| 蒸馏水/mL | 4.5 | 4.0 | 3.0 | 2.0 | 1.0 |

（2）不同浓度磷酸盐缓冲液的配制　按表10-13配制。

表10-13　各种浓度磷酸盐缓冲液的配制

| 试剂 | 磷酸盐缓冲液配制浓度/(mol/mL) | | |
|---|---|---|---|
| | 0.8 | 0.4 | 0.1 |
| 0.8 mol/L磷酸盐缓冲液/mL | 10 | 5 | 1.25 |
| 蒸馏水/mL | 0 | 5 | 8.75 |

（3）硫酸铜溶液和磷酸盐缓冲液抑制类型（可逆抑制作用或不可逆抑制作用）的判断　在固定的抑制浓度（硫酸铜溶液终浓度是0.003 mmol/L，磷酸盐缓冲液终浓度为0.4 mol/L）和一系列不同酶浓度条件下，进行酶促反应，测定酶反应速度。每组酶浓度做2次平行实验。

①无抑制物组:取 11 支试管,编号 1~5、1'~5'(每组设平行管 2 支),另 1 支试管为空白。按表 10-14 添加试剂。将各管混合均匀,置于 35℃恒温水浴中进行发色反应 20 min,于分光光度计波长 630 nm 处测定吸光度值。

表 10-14 无抑制物组的测定

| 试剂 | 试管 | | | | | |
|---|---|---|---|---|---|---|
| | 0 | 1 | 2 | 3 | 4 | 5 |
| 酶液配制浓度/(mg/mL) | 1.0 | 1.0 | 2.0 | 4.0 | 6.0 | 8.0 |
| 对应配制浓度酶液/mL | 0.5 | 0.5 | 0.5 | 0.5 | 0.5 | 0.5 |
| 1/15 mol/L pH 7.0 磷酸盐缓冲液/mL | 1 | 1 | 1 | 1 | 1 | 1 |
| 35℃恒温水浴预热 5 min,逐管计时 | | | | | | |
| 0.1 mol/L 尿素/mL | | 0.5 | 0.5 | 0.5 | 0.5 | 0.5 |
| 混合摇匀,各管精确反应 15 min | | | | | | |
| 0.1 mol/L 盐酸溶液/mL | 0.5 | 0.5 | 0.5 | 0.5 | 0.5 | 0.5 |
| 苯酚钠溶液/mL | 2 | 2 | 2 | 2 | 2 | 2 |
| 次氯酸钠溶液/mL | 1.5 | 1.5 | 1.5 | 1.5 | 1.5 | 1.5 |
| 0.1mol/L 尿素/mL | 0.5 | | | | | |

②磷酸盐缓冲液抑制组:取 11 支试管,编号 1~5、1'~5'(每组设平行管 2 支),另 1 支试管为空白。按表 10-15 添加试剂。将各管混合均匀,置于 35℃恒温水浴中进行发色反应 20 min,于分光光度计波长 630 nm 处测定吸光度值。

表 10-15 磷酸盐缓冲液抑制组的测定

| 试剂 | 试管 | | | | | |
|---|---|---|---|---|---|---|
| | 0 | 1 | 2 | 3 | 4 | 5 |
| 酶液配制浓度/(mg/mL) | 1.0 | 1.0 | 2.0 | 4.0 | 6.0 | 8.0 |
| 对应配制浓度酶液/mL | 0.5 | 0.5 | 0.5 | 0.5 | 0.5 | 0.5 |
| 0.8 mol/L pH 7.0 磷酸盐缓冲液/mL | 1 | 1 | 1 | 1 | 1 | 1 |
| 35℃恒温水浴预热 5 min,逐管计时 | | | | | | |
| 0.1 mol/L 尿素/mL | | 0.5 | 0.5 | 0.5 | 0.5 | 0.5 |
| 混合摇匀,各管精确反应 15 min | | | | | | |
| 0.1 mol/L 盐酸溶液/mL | 0.5 | 0.5 | 0.5 | 0.5 | 0.5 | 0.5 |
| 苯酚钠溶液/mL | 2 | 2 | 2 | 2 | 2 | 2 |
| 次氯酸钠溶液/mL | 1.5 | 1.5 | 1.5 | 1.5 | 1.5 | 1.5 |
| 0.1 mol/L 尿素/mL | 0.5 | | | | | |

③硫酸铜溶液抑制组:取 11 支试管,编号 1~5、1'~5'(每组设平行管 2 支),另 1 支试管为空白。按表 10-16 添加试剂。将各管混合均匀,置于 35℃恒温水浴中进行发色反应

表 10-16　硫酸铜溶液抑制组的测定

| 试剂 | 试管 | | | | | |
| --- | --- | --- | --- | --- | --- | --- |
| | 0 | 1 | 2 | 3 | 4 | 5 |
| 酶液配制浓度/(mg/mL) | 1.0 | 1.0 | 2.0 | 4.0 | 6.0 | 8.0 |
| 对应配制浓度酶液/mL | 0.5 | 0.5 | 0.5 | 0.5 | 0.5 | 0.5 |
| 0.03 mmol/L 硫酸铜溶液/mL | 0.2 | 0.2 | 0.2 | 0.2 | 0.2 | 0.2 |
| 1/15 mol/L pH 7.0 磷酸盐缓冲液/mL | 0.8 | 0.8 | 0.8 | 0.8 | 0.8 | 0.8 |
| 35℃恒温水浴预热 5 min，逐管计时 | | | | | | |
| 0.1 mol/L 尿素/mL | | 0.5 | 0.5 | 0.5 | 0.5 | 0.5 |
| 混合摇匀，各管精确反应 15 min | | | | | | |
| 0.1 mol/L 盐酸溶液/mL | 0.5 | 0.5 | 0.5 | 0.5 | 0.5 | 0.5 |
| 苯酚钠溶液/mL | 2 | 2 | 2 | 2 | 2 | 2 |
| 次氯酸钠溶液/mL | 1.5 | 1.5 | 1.5 | 1.5 | 1.5 | 1.5 |
| 0.1 mol/L 尿素/mL | 0.5 | | | | | |

20 min，于分光光度计波长 630 nm 处测定吸光度值。

(4) 磷酸盐缓冲液抑制类型(竞争性、非竞争性或反竞争性)的判断　磷酸盐离子在 3 种不同终浓度(0.4 mol/L、0.2 mol/L、0.05 mol/L)条件下，分别对应 0.02 mol/L、0.04 mol/L、0.06 mol/L、0.1 mol/L 尿素的终浓度下，进行酶促反应，测定反应速度。设置 2 次平行试验。

取 25 支试管，编号 1~12、1′~12′(每组设平行管 2 支)，另 1 支试管为空白。按表 10-17 添加试剂。将各管混合均匀，置于 35℃恒温水浴中进行发色反应 20 min，于分光光度计波长 630 nm 处测定吸光度值。

表 10-17　磷酸盐缓冲液抑制类型判断的测定

| 试剂 | 试管 | | | | | | | | | | | | |
| --- | --- | --- | --- | --- | --- | --- | --- | --- | --- | --- | --- | --- | --- |
| | 0 | 1 | 2 | 3 | 4 | 5 | 6 | 7 | 8 | 9 | 10 | 11 | 12 |
| pH 7.0 磷酸盐缓冲液浓度/(mol/L) | 0.1 | 0.8 | 0.8 | 0.8 | 0.8 | 0.4 | 0.4 | 0.4 | 0.4 | 0.1 | 0.1 | 0.1 | 0.1 |
| 对应磷酸盐缓冲液/mL | 1 | 1 | 1 | 1 | 1 | 1 | 1 | 1 | 1 | 1 | 1 | 1 | 1 |
| 尿素浓度/(mol/L) | 0.02 | 0.02 | 0.04 | 0.06 | 0.10 | 0.02 | 0.04 | 0.06 | 0.10 | 0.02 | 0.04 | 0.06 | 0.10 |
| 对应尿素溶液/mL | 0.5 | 0.5 | 0.5 | 0.5 | 0.5 | 0.5 | 0.5 | 0.5 | 0.5 | 0.5 | 0.5 | 0.5 | 0.5 |
| 35℃恒温水浴预热 5 min，精确计时 | | | | | | | | | | | | | |
| 10 mg/L 酶液/mL | 0.5 | 0.5 | 0.5 | 0.5 | 0.5 | 0.5 | 0.5 | 0.5 | 0.5 | 0.5 | 0.5 | 0.5 | 0.5 |
| 摇匀，各管精确反应 15 min | | | | | | | | | | | | | |
| 0.1 mol/L 盐酸溶液/mL | 0.5 | 0.5 | 0.5 | 0.5 | 0.5 | 0.5 | 0.5 | 0.5 | 0.5 | 0.5 | 0.5 | 0.5 | 0.5 |
| 苯酚钠溶液/mL | 2 | 2 | 2 | 2 | 2 | 2 | 2 | 2 | 2 | 2 | 2 | 2 | 2 |
| 次氯酸钠溶液/mL | 1.5 | 1.5 | 1.5 | 1.5 | 1.5 | 1.5 | 1.5 | 1.5 | 1.5 | 1.5 | 1.5 | 1.5 | 1.5 |

## 五、实验结果

### 1. 进程曲线的制作

将测定的各管吸光度值填入下表。以反应时间为横坐标,吸光度值($A_{630\,nm}$)为纵坐标,绘制进程曲线。由进程曲线求出可代表初速度的适宜反应时间。

| 测定值 | 试管 | | | | | | | |
|---|---|---|---|---|---|---|---|---|
| | 1 | 2 | 3 | 4 | 5 | 6 | 7 | 8 |
| 反应时间/min | 5 | 10 | 15 | 20 | 25 | 30 | 40 | 60 |
| 吸光度值($A_{630\,nm}$)(×) | | | | | | | | |
| 吸光度值($A_{630\,nm}$)(×′) | | | | | | | | |
| 平均吸光度值($A_{630\,nm}$) | | | | | | | | |

注:表中吸光度值($A_{630\,nm}$)(×)表示测试管实验结果,吸光度值($A_{630\,nm}$)(×′)表示平行实验结果,下同。

### 2. 米氏常数 $K_m$ 的测定

将各管相应的浓度及吸光度值填入下表。

| 测定值 | 试管 | | | |
|---|---|---|---|---|
| | 1 | 2 | 3 | 4 |
| 尿素终浓度[S]/(mmol/L) | | | | |
| $\dfrac{1}{[S]}$ | | | | |
| 吸光度值($A_{630\,nm}$)(×) | | | | |
| 吸光度值($A_{630\,nm}$)(×′) | | | | |
| 平均吸光度值($A_{630\,nm}$) | | | | |
| $V$ | | | | |
| $\dfrac{1}{v}$ | | | | |
| $\dfrac{[S]}{v}$ | | | | |

用两种方法作图:

(1)倒数作图法 以 $\dfrac{1}{v}$ 为纵坐标,$\dfrac{1}{[S]}$ 为横坐标,由直线在横轴上的交点为 $-\dfrac{1}{K_m}$,计算得 $K_m$。

(2)$\dfrac{[S]}{v}$ 对 [S] 作图 以 $\dfrac{[S]}{v}$ 为纵坐标,[S] 为横坐标,由直线在横轴上的交点为 $K_m$。

### 3. pH 值对酶活性的影响及酸碱稳定性实验

(1)pH 值对酶活性的影响 将测定的各管吸光度值填入下表。以反应 pH 值为横坐标,吸光度值($A_{630\,nm}$)为纵坐标,绘制 pH 值与酶活性的关系曲线,并分析本实验条件下该酶的最适 pH 值范围。

| 测定值 | 试管 | | | | |
|---|---|---|---|---|---|
| | 1 | 2 | 3 | 4 | 5 |
| 反应 pH 值 | 5.0 | 6.0 | 7.0 | 8.0 | 9.0 |
| 吸光度值($A_{630\,nm}$)(×) | | | | | |
| 吸光度值($A_{630\,nm}$)(×′) | | | | | |
| 平均吸光度值($A_{630\,nm}$) | | | | | |

（2）酸碱稳定性的实验　将测定的各管吸光度值填入下表。以处理的 pH 值为横坐标，吸光度值($A_{630\,nm}$)为纵坐标，绘制 pH 稳定曲线，并分析本实验条件下该酶的酸碱稳定范围。

| 测定值 | 试管 | | | | |
|---|---|---|---|---|---|
| | 1 | 2 | 3 | 4 | 5 |
| 处理的 pH 值 | 5.0 | 6.0 | 7.0 | 8.0 | 9.0 |
| 吸光度值($A_{630\,nm}$)(×) | | | | | |
| 吸光度值($A_{630\,nm}$)(×′) | | | | | |
| 平均吸光度值($A_{630\,nm}$) | | | | | |

### 4. 抑制剂类型的判断

（1）硫酸铜溶液和磷酸盐缓冲液抑制类型（可逆或不可逆）的判断

① 无抑制物组

| 测定值 | 试管 | | | | |
|---|---|---|---|---|---|
| | 1 | 2 | 3 | 4 | 5 |
| 酶液浓度/(mg/mL) | 1.0 | 2.0 | 4.0 | 6.0 | 8.0 |
| 吸光度值($A_{630\,nm}$)(×) | | | | | |
| 吸光度值($A_{630\,nm}$)(×′) | | | | | |
| 平均吸光度值($A_{630\,nm}$) | | | | | |

② 磷酸盐缓冲液抑制组

| 测定值 | 试管 | | | | |
|---|---|---|---|---|---|
| | 1 | 2 | 3 | 4 | 5 |
| 酶液浓度/(mg/mL) | 1.0 | 2.0 | 4.0 | 6.0 | 8.0 |
| 吸光度值($A_{630\,nm}$)(×) | | | | | |
| 吸光度值($A_{630\,nm}$)(×′) | | | | | |
| 平均吸光度值($A_{630\,nm}$) | | | | | |

③ 硫酸铜溶液抑制组

| 测定值 | 试管 | | | | |
|---|---|---|---|---|---|
| | 1 | 2 | 3 | 4 | 5 |
| 酶液浓度/(mg/mL) | 1.0 | 2.0 | 4.0 | 6.0 | 8.0 |
| 吸光度值($A_{630\,nm}$)(×) | | | | | |
| 吸光度值($A_{630\,nm}$)(×′) | | | | | |
| 平均吸光度值($A_{630\,nm}$) | | | | | |

将测定的各管吸光度值填入上面 3 个表格中。各组以相对酶浓度为横坐标、吸光度值($A_{630\text{nm}}$)为纵坐标作图,根据曲线比较分析酶反应所属抑制类型。

(2)磷酸盐缓冲液抑制类型(竞争性、非竞争性或反竞争性)的判断  将测定的各管吸光度值填入下表。根据实验数据,以 $\dfrac{1}{v}$ 为纵坐标,$\dfrac{1}{[S]}$ 为横坐标,绘制 $\dfrac{1}{v}$ ~ $\dfrac{1}{[S]}$ 坐标图,比较分析磷酸盐缓冲液所属抑制类型。

| pH 7.0 磷酸盐缓冲液浓度/(mol/L) | 0.8 | 0.8 | 0.8 | 0.8 | 0.4 | 0.4 | 0.4 | 0.4 | 0.1 | 0.1 | 0.1 | 0.1 |
|---|---|---|---|---|---|---|---|---|---|---|---|---|
| 尿素浓度/(mol/L) | 0.02 | 0.04 | 0.06 | 0.10 | 0.02 | 0.04 | 0.06 | 0.10 | 0.02 | 0.04 | 0.06 | 0.10 |
| 吸光度值($A_{630\text{nm}}$)(×) | | | | | | | | | | | | |
| 吸光度值($A_{630\text{nm}}$)(×′) | | | | | | | | | | | | |
| 平均吸光度值($A_{630\text{nm}}$) | | | | | | | | | | | | |
| $\dfrac{1}{v}$ | | | | | | | | | | | | |
| $\dfrac{1}{[S]}$ | | | | | | | | | | | | |

## 六、注意事项

(1)试剂配制和加入量要准确。
(2)注意控制各组实验的酶液浓度,在完成脲酶提取后需要先行确定适宜酶液浓度。
(3)严格按规定的时间、温度、pH 值等条件进行反应和测定。
(4)实验过程中应正确设置 0 号空白对照管,并通过设置平行试验减少误差。
(5)在反应和测定的过程中,所用仪器应绝对清洁,不应含有酶的抑制物。

## 七、思考题

(1)测定酶反应的进程曲线意义何在?对酶的研究和应用有什么帮助?
(2)分析米氏常数 $K_m$ 的意义及其影响因素。
(3)试说明酶的最适 pH 值和酸碱稳定性测定的原理及应用,并用本实验结果解释酶的最适 pH 值和酶的最稳定 pH 值是否为同一概念?为什么?
(4)举例说明各种类型抑制剂的作用特点。如何判断两种抑制剂的抑制类型?
(5)酶动力学实验中,哪些因素需要严格控制以保证数据的准确性?

# 实验二十七　超氧化物歧化酶的活力测定及同工酶电泳

## 一、实验目标导航

【知识目标】了解超氧化物歧化酶的理化性质；学习氮蓝四唑光化还原法测定超氧化物歧化酶活力和同工酶电泳鉴定的原理。

【能力目标】掌握氮蓝四唑光化还原法测定超氧化物歧化酶活力的方法；熟练掌握超氧化物歧化酶同工酶电泳鉴定的操作技术。

## 二、实验原理

超氧化物歧化酶（superoxide dismutase，SOD）是广泛存在于微生物、植物和动物体内的重要金属酶，是抗氧化酶系的重要组成成员。超氧化物歧化酶主要通过清除逆境胁迫诱导产生的细胞内活性氧自由基，来抑制膜内不饱和脂肪酸的过氧化作用，维持细胞质膜的稳定性和完整性，提高植物对逆境胁迫的适应性。

根据酶活性中心的辅基部位结合的金属离子的不同，超氧化物歧化酶主要分为 Cu/Zn-SOD、Fe-SOD 和 Mn-SOD 3 种类型。超氧化物歧化酶是一种酸性蛋白，金属辅基与酶分子共价联结，对热、pH 值以及某些理化性质表现较为稳定。

超氧化物歧化酶活性不易直接测定，多采用间接的方法。目前常用的方法有氮蓝四唑（NBT）光化还原法、邻苯三酚自氧化法、化学发光法。氮蓝四唑光化还原法的原理是，在有氧物质存在的情况下，核黄素可被光还原，被还原的核黄素极易再氧化而产生超氧阴离子自由基（$O_2^-$），超氧阴离子自由基可将氮蓝四唑还原为蓝色的甲腙，后者在波长 560 nm 处有最大光吸收峰。而因超氧化物歧化酶可清除超氧阴离子自由基，当溶液中加入超氧化物歧化酶后，可以使 $O_2^-$ 与 $H^+$ 结合生成 $H_2O_2$ 和 $O_2$，从而抑制了 NBT 光化还原的进行，减缓了甲腙的形成。反应液蓝色越浅，说明酶活性越高；反之，反应液蓝色越深，则酶活性越低。在一定范围内，超氧化物歧化酶对氮蓝四唑的光化还原抑制强度与酶活性成正比。

同工酶是指生物体内催化相同反应但分子结构不尽相同的一组酶。在生物学中，同工酶可用于物种进化、遗传变异、杂交育种和个体发育、组织分化等研究。超氧化物歧化酶同工酶的鉴定可经不连续聚丙烯酰胺凝胶电泳技术结合常规蛋白染色和活性染色进行分析。由于超氧化物歧化酶能够抑制超氧阴离子自由基，经活性染色后，凝胶上无超氧化物歧化酶处显示为蓝色，而有超氧化物歧化酶处则为无色透明。因此，该电泳技术可用于超氧化物歧化酶同工酶酶谱（即同工酶的数量、分布及活性大小）的分析与鉴定。

本实验采用氮蓝四唑光化还原法对提取自蒜瓣的超氧化物歧化酶进行活力测定，并通过不连续聚丙烯酰胺凝胶电泳技术和常规的蛋白染色、活性染色对超氧化物歧化酶同工酶进行分析。

## 三、实验材料、器材与试剂

**1. 材料**

新鲜蒜瓣。

**2. 器材**

电子天平,高速冷冻离心机,可见分光光度计,光照箱,垂直电泳槽,电泳仪,移液枪,研钵,移液管及移液管架,试管及试管架,玻璃棒,烧杯,量筒,容量瓶,微量注射器,培养皿,洗耳球。

**3. 试剂**

(1) 0.05 mol/L pH 7.8 磷酸缓冲液。

(2) 氯仿:乙醇混合溶剂  氯仿与无水乙醇按体积比 3:5 进行配制。

(3) 预冷的丙酮(4~10℃)。

(4) 0.026 mol/L 甲硫氨酸(Met)溶液  称取 0.387 9 g 甲硫氨酸,用 0.1 mol/L pH 7.8 磷酸缓冲液溶解后定容至 100 mL。现用现配。

(5) $7.5 \times 10^{-4}$ mol/L 氮蓝四唑溶液  称取 0.153 3 g 氮蓝四唑(NBT),先用少量蒸馏水溶解,定容至 250 mL。现用现配。

(6) 1.0 μmol/L EDTA-$Na_2$ 的 $2 \times 10^{-5}$ mol/L 核黄素溶液。

(7) 同工酶的电泳鉴定试剂:Tris、盐酸、Acr、Bis、过硫酸铵、蔗糖、溴酚蓝、甘氨酸、考马斯亮蓝 R250、磺基水杨酸、NBT、磷酸二氢钠($NaH_2PO_4$)、磷酸氢二钠($Na_2HPO_4$)、TEMED、EDTA。

## 四、实验操作步骤

**1. 超氧化物歧化酶酶液的制备**

称取 10.0 g 大蒜蒜瓣,置于研钵,压碎、研磨,加入 20 mL 0.05 mol/L pH 7.8 磷酸缓冲液,继续研磨至浆状,室温静置 20 min 后,4 800 r/min 离心 15 min,弃沉淀。转移上清液至干净试管,加入 0.25 倍体积的氯仿:乙醇混合溶剂,缓慢搅拌 15 min,4 800 r/min 离心 15 min,去除杂蛋白,上清液即为粗酶液。

往粗酶液中加入等体积的预冷丙酮,4 800 r/min 离心 15 min,弃上清。取沉淀溶于 0.05 mol/L pH 7.8 磷酸缓冲液,4 800 r/min 离心 15 min,得到的上清液即为超氧化物歧化酶酶液。

**2. 超氧化物歧化酶活力的测定**

取 8 支试管,其中,0 号试管为暗对照管,1、2 号管为测定管,3~7 号试管为光对照管。按表 10-18 添加各种试剂,完毕后,以 0 号试管溶液调零,在分光光度计波长 560 nm 处测定 1~7 号试管溶液的吸光度值。

**3. 超氧化物歧化酶同工酶的电泳鉴定**

(1) 安装垂直电泳槽  按照操作办法安装垂直电泳槽。

(2) 同工酶电泳试剂的配制  按照表 10-19 准备超氧化物歧化酶同工酶电泳所需的试剂。

表 10-18  超氧化物歧化酶酶活力的测定

| 试剂 | 试管 | | | | | | | |
|---|---|---|---|---|---|---|---|---|
| | 0 | 1 | 2 | 3 | 4 | 5 | 6 | 7 |
| 0.026 mol/L 甲硫氨酸溶液/mL | 1.5 | 1.5 | 1.5 | 1.5 | 1.5 | 1.5 | 1.5 | 1.5 |
| $7.5×10^{-4}$ mol/L 氮蓝四唑溶液/mL | 0.3 | 0.3 | 0.3 | 0.3 | 0.3 | 0.3 | 0.3 | 0.3 |
| 1.0 μmol/L EDTA-$Na_2$ 的 $2×10^{-5}$ mol/L 核黄素溶液/mL | 0.3 | 0.3 | 0.3 | 0.3 | 0.3 | 0.3 | 0.3 | 0.3 |
| 酶液/μL | 0 | 0 | 0 | 50 | 100 | 150 | 200 | 250 |
| 0.05 mol/L pH 7.8 磷酸缓冲液/mL | 0.9 | 0.9 | 0.9 | 0.85 | 0.8 | 0.75 | 0.7 | 0.65 |

充分混匀

置于暗处    25℃,光强 3 000 lx 日光灯下照光 15 min

立即遮光停止反应

表 10-19  超氧化物歧化酶同工酶电泳所需试剂

| 试剂名称 | 100 mL 中含量 | | 备注 |
|---|---|---|---|
| 分离胶缓冲液<br>(1.5 mol/L Tris-HCl, pH 8.8) | Tris | 15.0 g | 用 1 mol/L 盐酸溶液调节 pH 至 8.8,4℃保存 |
| | 重蒸水 | 80.0 mL | |
| 浓缩胶缓冲液<br>(0.5 mol/L Tris-HCl, pH 6.8) | Tris | 6.0 g | 1 mol/L 盐酸溶液调节 pH 至 6.8,4℃保存 |
| | 重蒸水 | 80.0 mL | |
| 凝胶贮备液(Acr/Bis) | Acr | 30.0 g | 通风橱中配制,4℃避光保存 |
| | Bis | 0.80 g | |
| 10%过硫酸铵 | 过硫酸铵 | 10.0 g | |
| 40%蔗糖 | 蔗糖 | 40.0 g | 含少量 0.1%溴酚蓝 |
| pH 8.3 Tris-甘氨酸<br>电极缓冲液 | Tris | 0.60 g | 调节 pH=8.3 后,用重蒸水定容至 100 mL,置于 4℃保存,临用前需稀释 100 倍 |
| | 甘氨酸 | 2.88 g | |
| 蛋白质染色液 | 考马斯亮蓝 R250 | 0.05 g | |
| | 磺基水杨酸 | 20.0 g | |
| 超氧化物歧化酶活性染色液Ⅰ<br>(染色液Ⅰ) | 氮蓝四唑 | 0.200 3 g | 重蒸水溶解、定容 |
| 超氧化物歧化酶活性染色液Ⅱ<br>(染色液Ⅱ) | 核黄素 | 0.001 g | 重蒸水溶解、定容 |
| | $NaH_2PO_4$ | 40.045 g | |
| | $Na_2HPO_4$ | 1.186 g | |
| | TEMED | 0.418 mL | |
| 超氧化物歧化酶活性染色液Ⅲ<br>(染色液Ⅲ) | EDTA | 0.002 9 g | 重蒸水溶解、定容 |
| | $NaH_2PO_4$ | 0.062 4 g | |
| | $Na_2HPO_4$ | 1.647 g | |

(3)凝胶的制备 取 50 mL 小烧杯，按表 10-20 加入各试剂配制分离胶。混匀溶液，用滴管吸取分离胶，在电泳槽的两玻璃夹板之间匀速灌注，待距离梳齿齿高约 1 cm 时停止，用滴管小心地在灌注的分离胶上滴加一层重蒸水压线。待分离胶聚合后（肉眼可见一条折射线），倒出用来压线的重蒸水，并以滤纸吸干分离胶上残留的水分。若分离胶聚合较慢，可适当再加一定量的 TEMED 以加速聚合。

按照表 10-20 加入各试剂配制浓缩胶，匀速、均匀地灌注在分离胶上，插入梳齿，电泳槽垂直静置一段时间，让浓缩胶完全聚合。

表 10-20 分离胶及浓缩胶的配制

| 试剂 | 分离胶 | 浓缩胶 |
| --- | --- | --- |
| 重蒸水/mL | 4.5 | 1.5 |
| 分离胶缓冲液（1.5 mol/L Tris-HCl, pH 8.8）/mL | 1.5 | |
| 浓缩胶缓冲液（0.5 mol/L Tris-HCl, pH 6.8）/mL | | 0.5 |
| 凝胶贮备液（Acr/Bis）/mL | 2.0 | 0.4 |
| 10%过硫酸铵/mL | 0.15 | 0.075 |

(4)加样 取适当浓度的酶液，与 40%蔗糖（含少量 0.1%溴酚蓝）按照 1∶1 体积比混合，配制样品液。

准备加样时，将电极缓冲液注满电泳槽，小心拔出梳齿。用微量注射器吸取样品液后，按顺序向凝胶孔内以对称方式进行加样（每个样品液加样两次，以便电泳结束后分别进行蛋白及酶活性染色）。

(5)电泳 将电泳槽按规定接上电泳仪的正、负极，开启电泳仪电源开关，调节电流至 15 mA，进行电泳一段时间。待样品由浓缩胶进入分离胶后，再调节电流至 20~30 mA。待蓝色溴酚蓝条带迁移至距凝胶下端 1~2 cm 处，停止电泳。用带有细长针头的注射器吸满蒸馏水，插入玻璃板与凝胶之间，注入蒸馏水，使两者剥离。根据加样情况，将凝胶一分为二。

(6)染色 包括蛋白质染色和活性染色。

①蛋白质染色：将凝胶完全浸没在蛋白质染色液内，染色 30 min 左右。脱色时，用 7%乙酸溶液浸泡漂洗数次，直至背景色褪去。

②活性染色：取另一半凝胶片，浸泡在染色液Ⅰ中，黑暗条件下染色 20 min。从染色液Ⅰ中取出后，再浸泡在染色液Ⅱ中，黑暗条件下浸泡 15 min。从染色液Ⅱ中取出后，最后浸泡在染色液Ⅲ中，置日光灯下光照 20~30 min。

经上述活性染色后的凝胶片，在蓝色背景上出现清晰、透明的超氧化物歧化酶活性染色带。透明区带则是超氧化物歧化酶抑制氮蓝四唑光化还原的结果，周围无超氧化物歧化酶活性的区域，在光照后变成蓝色。

上述染色结果分别进行拍照保存。

## 五、实验结果

**1. 超氧化物歧化酶活力的测定**

以 1、2 号试管溶液吸光度值（$A_{560\,nm}$）的平均值作为还原率 100%，分别计算不同酶液量的各反应系统中抑制氮蓝四唑光化还原的相对百分率，绘出二者的相关曲线（以酶液用量为横坐标，抑制氮蓝四唑光化还原相对百分率为纵坐标）。

| 测定值 | 测定管 | | 光对照管 | | | | |
|---|---|---|---|---|---|---|---|
| | 1 | 2 | 3 | 4 | 5 | 6 | 7 |
| 酶液/μL | 0 | 0 | 50 | 100 | 150 | 200 | 250 |
| 吸光度值（$A_{560\,nm}$） | | | | | | | |

超氧化物歧化酶酶活力单位的规定：以抑制氮蓝四唑光化还原的 50% 为 1 个酶活力单位表示。按下式计算超氧化物歧化酶活力。

$$A = \frac{V \times 1\,000 \times 60}{B \times W \times T}$$

式中：$A$——酶活力，U/(g·h)；

$V$——酶提取液体积，mL；

$B$——1 个酶活力单位的酶液量，μL；

$W$——样品鲜重，g；

$T$——反应时间，min。

**2. 超氧化物歧化酶同工酶的电泳鉴定**

分别观察蛋白质染色与酶活性染色后凝胶上各条带的分布位置、数目及对应情况，记录、绘图并分析结果。

## 六、注意事项

（1）实验中，使用氯仿、丙酮等有机试剂时，应做好防护措施。

（2）酶液制备过程中应注意低温，以保护酶活性。

（3）酶活力测定时，当光对照管反应颜色达到要求的程度时，测定管（加酶液）未显色或颜色过淡，说明酶对氮蓝四唑的光化还原抑制作用过强，应对酶液进行适当稀释后再行测定，以能抑制显色反应的 50% 为最佳。

（4）酶活性染色时，光照应均匀，使无超氧化物歧化酶区域的氮蓝四唑充分被还原成蓝色的甲𝙸。

## 七、思考题

（1）查阅文献，试说明如何鉴定超氧化物歧化酶的种类。

（2）总的来说，酶活力测定的实际意义有哪些？影响实验准确性的主要因素是什么？如何克服？

延伸阅读 之十八 超氧化物歧化酶的发现

# 实验二十八　DNA 的提取与定量测定

## 一、实验目标导航

【知识目标】理解核酸的性质及应用；掌握 DNA 提取与定量测定的实验原理。

【能力目标】学习从动物肝脏中提取 DNA 的实验操作；掌握二苯胺法测定 DNA 含量的操作技术。

## 二、实验原理

为深入了解 DNA 分子在生命代谢中的作用，常常需要从不同的生物材料中提取 DNA 来加以研究。DNA 分子在不同生物体内的分布及浓度不同，且主要集中在细胞核内。通常选用细胞核含量比例大的活组织作为提取制备 DNA 的材料。小牛胸腺组织因细胞核比例较大，DNA 含量丰富，同时脱氧核苷酸酶活性较低，制备过程中 DNA 被降解的可能性相对较低，因而是制备 DNA 的良好材料。但小牛胸腺组织的来源较困难，相反脾或肝脏易获得，所以，实验室制备 DNA 也可选择脾或肝脏进行。

在动物组织细胞中，大部分 DNA/RNA 是与蛋白质结合成核蛋白的形式存在的。细胞破碎后，脱氧核糖核蛋白与核糖核蛋白混杂在一起。在高浓度的盐溶液(如 1 mol/L 氯化钠)中，脱氧核糖核蛋白溶解度很大，但核糖核蛋白溶解度很小；在低浓度的盐溶液(如 0.14 mol/L 氯化钠)中，脱氧核糖核蛋白溶解度很小，但核糖核蛋白溶解度很大。因此，根据这一特点，可利用不同浓度的氯化钠溶液进行处理，使脱氧核糖核蛋白和核糖核蛋白分开。

将抽提得到的核蛋白用蛋白质变性剂(十二烷基硫酸钠，即 SDS)处理，DNA 即与蛋白质分开。其后，可用氯仿-异戊醇将蛋白质沉淀除去，而 DNA 则溶解于溶液中。向含有 DNA 的溶液中加入适量亲水有机溶剂(冷乙醇)，DNA 即呈纤维状沉淀析出。

在酸性条件下加热 DNA 溶液，可使嘌呤碱与脱氧核糖间的糖苷键断裂，生成嘌呤碱、脱氧核糖和脱氧嘧啶核苷酸。其中，脱氧核糖可脱水生成 $\omega$-羟基-$\gamma$-酮基戊醛，后者与二苯胺试剂作用生成蓝色化合物，在波长 595 nm 处有最大光吸收(图 10-4)。在 DNA 浓度为 20~200 μg/L 范围内，吸光度值与 DNA 浓度成正比。因此，可用比色法测定 DNA 的含量。

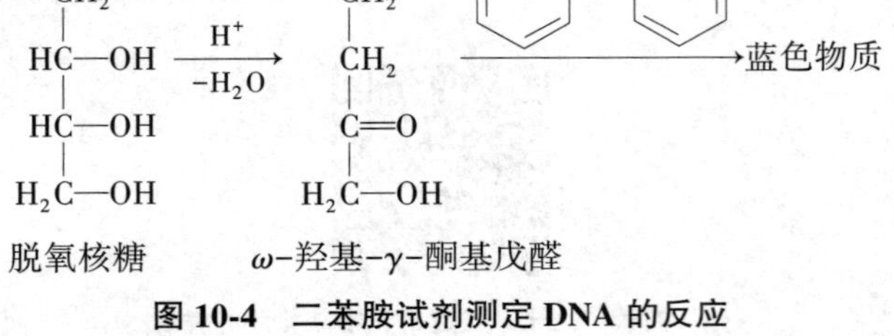

**图 10-4　二苯胺试剂测定 DNA 的反应**

一般情况下，样品中若含有少量的 RNA 对测定结果影响不大。蛋白质、脱氧核糖、阿拉伯糖和芳香醛等因能与二苯胺形成有色物质，所以会一定程度地干扰实验结果。若在反应体系中加入少量乙醛，可以提高反应的灵敏度。

本实验选用猪肝脏(或脾)为材料，用浓盐法提取 DNA，然后以二苯胺法对提取的 DNA 含量进行测定。

## 三、实验材料、器材与试剂

**1. 材料**

猪肝脏(或脾)。

**2. 器材**

电子天平，匀浆器，离心机，真空干燥器，恒温水浴锅，分光光度计，移液管及移液管架，试管及试管架，试管夹，洗耳球，量筒，锥形瓶，烧杯，剪刀，玻璃棒，滴管，一次性手套，滤纸。

**3. 试剂**

(1) 0.1 mol/L 氯化钠 -0.05 mol/L 柠檬酸钠三钠缓冲液(pH 6.8)。

(2) 氯仿-异戊醇混合液　按体积比氯仿：异戊醇=20:1 配制。

(3) 5% SDS 溶液　称取 5.0 g SDS 溶于蒸馏水，定容至 100 mL。

(4) 氯化钠。

(5) 95% 乙醇。

(6) 0.015 mol/L 氯化钠-0.001 5 mol/L 柠檬酸三钠缓冲液　称取 0.828 g 氯化钠及 0.341 g 柠檬酸三钠溶于蒸馏水，定容至 1 000 mL。

(7) 200 μg/mL DNA 标准溶液　称取 0.20 g DNA 钠盐，用 5 mmol/L 的氢氧化钠溶液溶解，定容至 1 000 mL，配成 200 μg/mL DNA 标准溶液。

(8) 二苯胺试剂　称取 1.0 g 二苯胺(分析纯)溶于 100 mL 的冰乙酸(分析纯)中，再加入 10 mL 过氯酸(分析纯，60% 以上)，混匀，待用。临用前，加入 1 mL 1.6% 乙醛溶液。此试剂应为无色。如二苯胺不纯，需在 70% 乙醇中重结晶 2 次。

## 四、实验操作步骤

**1. 动物组织中 DNA 的提取**

(1) DNA 的抽提　称取新鲜猪肝 8.0 g，用预冷的 0.1 mol/L 氯化钠-0.05 mol/L 柠檬酸三钠缓冲液冲洗，除去血污，在冰浴上剪成碎末，再用匀浆器迅速磨碎(冰浴)，加入相当于 2 倍组织重量的 0.1 mol/L 氯化钠-0.05 mol/L 柠檬酸三钠缓冲液，研磨 3 次。取研磨的匀浆液，4 000 r/min 离心 10 min，弃上清液，收集沉淀。沉淀中再加入 25 mL 0.1 mol/L 氯化钠-0.05 mol/L 柠檬酸三钠缓冲液，充分搅匀，4 000 r/min 离心 20 min，弃上清，取沉淀。

(2) 蛋白质变性剂处理　往上述沉淀中加入 40 mL 0.1 mol/L 氯化钠-0.05 mol/L 柠檬酸三钠缓冲液、20 mL 氯仿-异戊醇混合液、4 mL 5% SDS 溶液(使其终浓度为 0.41%)，封口、振摇 30 min。缓慢加入固体氯化钠(约 3.6 g)，使其最终浓度为 1 mol/L。继续搅拌，以确保氯化钠全部溶解，此时可见溶液由黏稠变稀薄。将上述混合液在 3 500 r/min 离心 20 min，弃沉淀，留取上清。

（3）DNA 粗品的获得　往上步上清液中加入等体积预冷 95% 乙醇，边加边用玻璃棒慢慢朝一个方向搅动。将缠绕在玻璃棒上的凝胶状物轻蘸滤纸，以吸去多余的乙醇，即得 DNA 粗品。

（4）纤维状 DNA 沉淀的析出　将上述所得的 DNA 粗品置于 20 mL 0.015 mol/L 氯化钠-0.001 5 mol/L 柠檬酸三钠缓冲液中，加入 1 倍体积的氯仿-异戊醇混合液，振摇 10 min，4 000 r/min 离心 10 min，弃沉淀。取上清液，加入 1.5 倍体积 95% 乙醇，DNA 即沉淀析出。再次 4 000 r/min 离心 10 min，弃上清液，保留沉淀（即粗 DNA）。对沉淀按本操作步骤再重复 1 次。最后所得的沉淀用无水乙醇洗涤 2 次，置真空干燥器内干燥，即得白色纤维状 DNA 钠盐，称重。

**2. DNA 的定量测定**

（1）DNA 溶液标准曲线的绘制　取 6 支试管，按表 10-21 加入各种试剂，制作标准曲线。将各管充分混合均匀，置于 60℃ 恒温水浴中保温 45 min，流水冷却。以 0 号管为空白对照，在分光光度计波长 595 nm 处测定吸光度值。

表 10-21　DNA 溶液标准曲线的绘制

| 试剂 | 试管 | | | | | |
|---|---|---|---|---|---|---|
| | 0 | 1 | 2 | 3 | 4 | 5 |
| 标准 DNA 溶液/mL | 0.0 | 0.4 | 0.8 | 1.2 | 1.6 | 2.0 |
| 蒸馏水/mL | 2.0 | 1.6 | 1.2 | 0.8 | 0.4 | 0 |
| 二苯胺试剂/mL | 4.0 | 4.0 | 4.0 | 4.0 | 4.0 | 4.0 |

（2）样品 DNA 含量的测定　取 DNA 粗品用蒸馏水溶解，定容至 50 mL。按表 10-22 加入试剂，各管充分混合均匀后，置于 60℃ 恒温水浴中保温 45 min，流水冷却。以 0 号管为空白对照，在分光光度计波长 595 nm 处测定吸光度值。

表 10-22　样品中 DNA 含量的测定

| 试剂 | 试管 | | |
|---|---|---|---|
| | 0 | 1 | 2 |
| DNA 样液/mL | 0.0 | 1.0 | 1.0 |
| 蒸馏水/mL | 2.0 | 1.0 | 1.0 |
| 二苯胺试剂/mL | 4.0 | 4.0 | 4.0 |

## 五、实验结果

**1. DNA 提取得率的计算**

$$\text{DNA 提取得率}(\%) = \frac{m_0}{8.0 \times 1\,000} \times 100$$

式中：$m_0$——提取制备的 DNA 的质量，mg；
      8.0——实验材料的质量，g。

**2. DNA 的含量测定**

将测得的各管吸光度值填入下表，以 DNA 质量为横坐标，吸光度值（$A_{595\,nm}$）为纵坐标，制作标准曲线。

| 试管 | 1 | 2 | 3 | 4 | 5 |
|---|---|---|---|---|---|
| DNA 含量/μg | 80 | 160 | 240 | 320 | 400 |
| 吸光度值（$A_{595\,nm}$） | | | | | |

根据样品测定所得数值在标准曲线上查找或换算得到样品 DNA 的质量。

| 试管 | 1 | 2 |
|---|---|---|
| 吸光度值（$A_{595\,nm}$） | | |
| DNA 含量/μg | | |

按照公式计算样品 DNA 含量。

$$样品\ DNA\ 的含量(\%) = \frac{m_1}{m_2} \times 100$$

式中：$m_1$——样液中测得的 DNA 的质量，μg；
      $m_2$——样液中所含样品的质量，μg。

## 六、注意事项

（1）为避免 DNA 高分子的断裂，整个提取过程应尽可能保持低温。
（2）DNA 提取过程中，应避免过酸、过碱、剧烈搅拌及其他容易引起核酸降解的因素的作用。
（3）含量测定时的加样操作要准确。
（4）二苯胺试剂需要现配现用，否则会影响鉴定的效果。

## 七、思考题

（1）在 DNA 的提取、制备过程中，乙醇、SDS、氯仿-异戊醇、氯化钠、柠檬酸三钠分别有什么作用？
（2）如何防止大分子核酸在提取过程中被降解和断裂？
（3）试查阅资料，DNA 的定量分析还可采用哪些方法？各有何特点？

# 实验二十九　目的基因的 PCR 扩增及产物的电泳检测

## 一、实验目标导航

【知识目标】掌握 PCR 合成目的基因的原理及其应用；了解 PCR 条件的优化方法；理解琼脂糖凝胶电泳的原理。

【能力目标】熟悉和掌握 PCR 基因扩增技术的实验方法和操作过程；学习琼脂糖凝胶电泳的实验流程；掌握琼脂糖凝胶电泳检测 PCR 扩增产物的实验技术。

## 二、实验原理

聚合酶链式反应(polymerase chain reaction，PCR)是美国科学家凯利·穆利斯(Kary B. Mullis)于 1985 年发明的一种在体外快速扩增特定 DNA 片段的技术。它能以极少量的 DNA 为模板，在几小时内复制出上百万份的 DNA 拷贝。PCR 技术的基本原理类似于 DNA 的天然复制过程，其特异性依赖于与靶序列两端互补的寡核苷酸引物，具有特异、敏感、产率高、快速、简便、重复性好、易自动化等显著优点。

PCR 技术的整个过程包括变性、退火、延伸 3 个基本反应步骤。①变性：95℃左右，模板 DNA 双链或经 PCR 扩增形成的双链 DNA 发生解离，成为单链；②退火（复性）：55℃左右，引物与模板 DNA 单链的互补序列配对结合；③延伸：DNA 模板与引物的结合物在 72℃、DNA 聚合酶的作用下，以 dNTP 为反应原料、靶序列为模板，根据碱基互补配对原则和半保留复制原理，合成一条新的与模板 DNA 链互补的子链。这个双链重复循环"变性-退火-延伸"的过程，获得更多的"半保留复制链"。每完成一个循环需要 2~4 min，2~3 h 就能将目的基因扩增放大几百万倍。目前，PCR 技术在分子克隆、遗传病的基因诊断、法医学、考古学等方面得到了广泛的应用。

PCR 产物的检测可通过琼脂糖凝胶或聚丙烯酰胺凝胶电泳技术，尤其是前者最为常用。通过电泳，可以初步判断扩增产物的片段大小。琼脂糖是一种天然长链状高分子聚合物，可以形成具有刚性的滤孔。凝胶孔径的大小取决于琼脂糖的浓度，浓度越高，孔隙越小，其分辨能力就越强。DNA 分子含有磷酸根，在碱性缓冲液中带负电荷，因而在电场的作用下向正极泳动。DNA 分子在琼脂糖凝胶中的泳动现象具有电荷效应与分子筛效应。不同 DNA 分子的相对分子质量大小及构型各不相同，导致电泳时的泳动率也不一样，相对分子质量越大，跑得越慢，反之，相对分子质量越小，跑得越快，从而可以形成条带不一的不同区带。

本实验采用 PCR 技术合成一段目的基因，并通过琼脂糖凝胶电泳对 PCR 扩增产物进行检测。

## 三、实验材料、器材与试剂

**1. 材料**

自行制备的模板 DNA。

**2. 器材**

电子天平，离心机，PCR 仪，微波炉，电泳仪，电泳槽，移液枪，枪头，紫外检测仪，凝胶成像系统，锥形瓶，量筒，烧杯，Eppendorf 管。

**3. 试剂**

（1）10×PCR 缓冲液。

（2）上游引物、下游引物。

（3）dNTP 混合液。

（4）DNA 聚合酶。

（5）琼脂糖。

（6）0.5×TBE 电泳缓冲液  称取 108.0 g Tris 和 27.5 g 硼酸，加入 0.5 mol/L EDTA 20 mL，溶解并定容至 1 000 mL，即得 5×TBE 电泳缓冲液（pH 8.0）母液。临用时，稀释 10 倍，即得 0.5×TBE 电泳缓冲液（pH 8.0）。

（7）核酸染料（可结合 DNA 发荧光）。

（8）DNA Marker。

（9）6×载样缓冲液（Loading 缓冲液）  0.25%溴酚蓝，0.25%二甲苯青，40%蔗糖水溶液。或 0.25%溴酚蓝，0.25%二甲苯青，30%甘油水溶液。

## 四、实验操作步骤

**1. 目的基因的 PCR 扩增**

（1）模板 DNA 的制备及引物合成  由各实验室根据具体情况提供。

（2）PCR 反应体系的配制（可根据具体情况进行修改）  按表 10-23 在 PCR 管中加入下列试剂。加完后，用手指轻弹 PCR 管底部，混匀试剂，短暂离心。

表 10-23  PCR 扩增反应体系

| 反应组分 | 反应体积（50 μL） |
| --- | --- |
| 10× PCR 缓冲液/μL | 25 |
| 上游引物（10 μmol/L）/μL | 2 |
| 下游引物（10 μmol/L）/μL | 2 |
| dNTP 混合液（每个 10 mmol/L）/μL | 1 |
| 模板 DNA/μL | 1 |
| 重蒸水/μL | 18 |
| DNA 聚合酶/μL | 1 |

注：根据不同来源的 DNA 模板，调节最佳使用量。

（3）PCR 反应（可根据具体情况进行修改）  将配制好的 PCR 管放入 PCR 仪器中，按表 10-24 所列反应程序进行扩增。PCR 反应结束后，样品置于 4℃保存，备用。

表 10-24　PCR 反应程序

| 循环步骤 | 温度/℃ | 时间 | 循环数 |
| --- | --- | --- | --- |
| 预变性 | 95 | 3 min | |
| 变性 | 95 | 15 s | |
| 退火 | 58 | 15 s | 25~35 |
| 延伸 | 72 | 1 min | |
| 彻底延伸 | 72 | 5 min | |

**2. 琼脂糖凝胶电泳检测 PCR 扩增产物**

（1）1%琼脂糖凝胶的制备　将 1.0 g 琼脂糖置于锥形瓶中，加入 100 mL 0.5×TBE 电泳缓冲液中，稍微摇匀后，置于微波炉中加热，至琼脂糖完全熔化。取出，冷却至 60℃以下（大分子用低浓度胶，小分子用高浓度胶），加入 5 μL 核酸染料，混匀（注意避免剧烈振荡导致气泡产生）。将琼脂糖倒入凝胶成型器，插入梳子（试样格）。待凝胶凝固（呈乳白状、不透明），小心垂直向上拔出梳子。将凝胶置入电泳槽中，加入 0.5×TBE 电泳缓冲液至液面高于凝胶 1~2 mm。如样品孔内有气泡，应小心除去。

（2）加样　用移液枪取 3 μL DNA Marker 加入凝胶的第一个孔中。再用移液枪分别吸取 2 μL 6×载样缓冲液和 10 μL PCR 产物于干净手套上，用移液枪吹吸混匀。最后用移液枪小心地将混匀液完全加入凝胶的样品孔中。

（3）电泳　接通电泳仪电源，调节电压至 4~5 V/cm，注意电泳仪与电泳槽的正确电极连接方式。电泳时间 30~60 min（电压不可太高，否则条带容易跑歪）。待溴酚蓝指示剂迁移至凝胶的中下段时，切断电源，停止电泳。

（4）观察　取出凝胶，置于紫外检测仪或凝胶成像系统中，观察 DNA 分子条带，拍照，保存，并记录结果。

## 五、实验结果

记录 PCR 产物的琼脂糖凝胶电泳图谱，根据标准 DNA Marker 的电泳图谱计算待测样品 DNA 的相对分子质量。

## 六、注意事项

（1）实验过程中须严格做好个人安全防护，正确使用一次性手套等防护用品。

（2）PCR 反应灵敏性较强，凡是实验操作所用的塑料器具（PCR 管、枪头等）及可以进行灭菌的试剂，都必须在使用前装入盒子和瓶子进行灭菌方可使用，以防止杂质的污染。

（3）冷冻保存的 PCR 缓冲液、dNTP、模板及引物，最好在冰浴上解冻。

（4）PCR 反应特异性强，引物浓度、聚合酶和 dNTP 的量不宜过多，如出现非特异性的扩增条带，需要进一步优化反应条件。

（5）不同厂家、不同批次的琼脂糖可能会因杂质含量的不同，影响 DNA 分子的迁移及荧光背景的强度，因此，应注意试剂的稳定性。

## 七、思考题

(1) PCR 的反应体系中包含哪些物质？各有什么作用？

(2) PCR 扩增有哪些实验步骤？影响 PCR 反应效率的因素有哪些？

(3) 简述利用琼脂糖凝胶电泳技术鉴定 DNA 分子的浓度、纯度和相对分子质量的原理和基本流程。

(4) 琼脂糖凝胶电泳时，影响 DNA 分子迁移速率的因素有哪些？

延伸阅读　之十九　**PCR 技术发展史**

# 第十一章 设计性实验

## 实验三十 卵磷脂的提取和鉴定

### 一、实验目标导航

【知识目标】了解卵磷脂生物学功能;理解磷脂类物质的结构和性质;学习卵磷脂提取和鉴定原理。

【能力目标】掌握卵磷脂的提取和鉴定方法。

### 二、实验设计思路提示

卵磷脂,又称磷脂酰胆碱,是甘油磷脂的一种。作为细胞膜磷脂双分子层的重要成分,卵磷脂在动植物体内均有分布。其中,蛋黄中卵磷脂的含量特别高,达 8%~10%,牛奶、动物的脑、骨髓、心脏、肺脏、肝脏、肾脏以及大豆和酵母中也都含有卵磷脂。卵磷脂在食品工业中广泛应用作乳化剂、抗氧化剂、营养添加剂。

$$\begin{array}{c} \quad\quad\quad\quad\quad\; O\;\;\; H_2C-O-\overset{O}{\overset{\|}{C}}-R_1 \\ R_2-\overset{\|}{C}-O-\overset{|}{C}H \quad\; O \\ \quad\quad\quad\quad\quad H_2C-O-\overset{|}{\underset{O^-}{\overset{|}{P}}}-CH_2CH_2\overset{+}{N}(CH_3)_3 \end{array}$$

卵磷脂

众多的卵磷脂提取方法中,溶剂萃取法和金属离子沉淀法是较为常用的传统粗提方法。溶剂萃取法是利用各磷脂组分在某些溶剂中的溶解度的不同而将卵磷脂与其他组分进行分离。一般,卵磷脂可溶于乙醚、氯仿、正己烷等低极性溶剂及低级醇中,微溶于苯,几乎不溶于丙酮、乙酸乙酯。金属离子沉淀法是利用卵磷脂可以和某些无机盐生成沉淀的性质,把卵磷脂从磷脂中提取出来,从而达到与其他磷脂分离、除去蛋白质和脂肪的目的。金属离子沉淀法一般不单独使用,而是与溶解的手段结合使用,即先使用合适的溶剂将卵磷脂溶解,再通过加入沉淀剂(如金属离子)的步骤将卵磷脂从混合液中沉淀,并分离出来。薄层色谱制备法、膜分离法、柱层析法、超声波辅助法、超临界萃取法、超高压提取法等,均可应用于卵磷脂的提取和精制纯化。

新提取的卵磷脂为白色蜡状物,与空气接触后,其不饱和脂肪酸链因被氧化而呈黄褐色。卵磷脂被碱水解后可分解为脂肪酸盐、甘油、胆碱和磷酸盐。甘油与硫酸氢钾共热,可生成具有特殊臭味的丙烯醛;磷酸盐在酸性条件下与钼酸铵作用,生成黄色的磷钼酸沉淀;胆碱在碱的进一步作用下生成无色且具有氨和鱼腥气味的三甲胺。实验中,可以通过对卵磷脂分解产物进行检验来达到鉴定卵磷脂的目的。

### 三、实验要求

**1. 提交可行性报告**

组成实验小组，通过查阅文献资料，制订实验方法，设计技术路线，提交可行性报告，包括但不限于：

(1) 实验原理。

(2) 实验材料选择的依据。

(3) 实验操作步骤的设计及依据。

(4) 实验器材的选择及使用方法。

(5) 实验试剂的准备及配制方法。

(6) 实验主要注意事项。

(7) 预期实验结果。

**2. 实验准备**

经与实验指导老师确认实验设计方案的可行性后，分小组自行准备实验仪器设备，准备实验材料，配制相关试剂。

**3. 独立完成实验操作**

根据可行性报告和实验准备，实验小组独立开展实验，认真观察，如实记录实验现象和实验数据。

**4. 撰写实验报告**

实验报告内容包括：

(1) 实验题目，组员姓名，专业班级，指导老师姓名等。

(2) 实验原理。

(3) 实验材料与方法。

(4) 实验结果与分析　①卵磷脂的用途有哪些？卵磷脂提取的工作原理是什么？②分析实验成功或失败的主要原因，总结实验的收获和体会。

(5) 问题与讨论　①要想获得高纯度的卵磷脂，实验中哪些地方需要注意？②实验中可能涉及乙醚、丙酮、乙醇等易燃试剂，如何确保对这些试剂的规范和安全使用？

(6) 参考资料。

## 实验三十一　外界因素对 $\alpha$-淀粉酶活性的影响

### 一、实验目标导航

【知识目标】理解外界因素对 $\alpha$-酶活性影响的一般原理。

【能力目标】掌握外界因素对 $\alpha$-淀粉酶活性影响研究的实验方法。

## 二、实验设计思路提示

绝大多数酶的化学本质是蛋白质。凡是能够影响蛋白质的理化因素都可以影响酶的结构和功能，进而影响酶的活性中心作用的发挥，影响酶促反应速度。这些外界因素主要包括底物浓度、酶浓度、pH 值、温度、金属离子等。

底物浓度对反应速度的影响主要表现在，在酶的浓度不变的情况下，底物浓度对反应速度的影响呈现矩形双曲线。在底物浓度很低时，反应速度随底物浓度的增加而急剧加快，两者成正比，表现为一级反应。随着底物浓度的升高，反应速度不再呈正比例加快，反应速度增加的幅度不断下降。如果继续加大底物浓度，反应速度不再增加，表现为零级反应。此时，无论底物浓度增加多大，反应速度也不再增加，说明酶已被底物所饱和，此时的速度为最大反应速度($V_{max}$)。

酶浓度也影响酶促反应速度。在一定的温度和 pH 值条件下，当底物浓度大大超过酶的浓度时，酶的浓度与反应速度成正比，即 $v=k[E]$。但当反应底物浓度较低，而且酶的浓度足够高时，增加酶浓度，但反应速度基本保持不变。

酶反应介质的 pH 值可影响酶分子。酶活性与 pH 值的关系为左右对称的钟形曲线。只有在特定的 pH 值条件下，酶、底物和辅酶的解离情况才最适宜于它们互相结合，并发生催化作用，使酶促反应速度达最大值。环境过酸、过碱则导致酶分子变性失活。

温度对酶活性有着显著影响。在一定温度范围内，酶活性随温度升高而增强，其中，酶的活性最高时的温度，即为该种酶的最适温度。若超过最适温度，酶逐渐受热变性，活性逐渐下降，甚至停止。高温使酶变性失活，活性不能恢复。低温一般不破坏酶。温度回升后，酶又恢复活性。

金属离子对酶活性的影响可分为两类：激活剂和抑制剂。有激活作用的金属离子主要有 $K^+$、$Na^+$、$Ca^{2+}$ 及 $Mg^{2+}$ 等，如 $Mg^{2+}$ 是多种激酶和合成酶的激活剂，$Cl^-$ 是 $\alpha$-淀粉酶的激活剂。具有抑制作用的金属离子主要是重金属离子，如 $Hg^{2+}$、$Pb^{2+}$ 等。

淀粉酶是水解淀粉和糖原的酶类总称，根据酶水解产物异构类型的不同可分为 $\alpha$-淀粉酶(EC 3.2.1.1)与 $\beta$-淀粉酶(EC 3.2.1.2)。$\alpha$-淀粉酶是一种内切淀粉酶，可将淀粉链水解为不同长度的多聚葡萄糖。随着降解时间延续，过程中可生成各种糊精和麦芽糖等一系列中间产物，最终产物是 D-葡萄糖。糊精是相对分子质量较小的多糖，包括紫色糊精、红色糊精和无色糊精等。淀粉和糊精与碘溶液作用可产生不同颜色，此种颜色煮沸时消失，冷却又重现。$\alpha$-淀粉酶降解直链淀粉过程如下，水解进程可用碘液与其作用的颜色变化来判断。

水解过程：$(C_6H_{10}O_5)_n$ → $(C_6H_{10}O_5)_{n-x}$ → $C_{12}H_{22}O_{11}$ → $C_6H_{12}O_6$
物质变化：　　淀粉　→　紫色糊精　→　红色糊精　→　无色糊精　→　麦芽糖　→　葡萄糖
对应的颜色：　蓝色　→　紫色　　→　红色　　→　无色　　→　无色　→　无色

水解终产物葡萄糖具有还原性，可以用 3,5-二硝基水杨酸等试剂进行定量测定。

## 三、实验要求

**1. 提交可行性报告**

组成实验小组，通过查阅文献资料，制订实验方法，设计技术路线，提交可行性报

告,包括但不限于:
(1)实验原理。
(2)实验材料选择的依据。
(3)实验操作步骤的设计及依据。
(4)实验器材的选择及使用方法。
(5)实验试剂的准备及配制方法。
(6)实验主要注意事项。
(7)预期实验结果。

**2. 实验装备**

经与实验指导老师确认实验设计方案的可行性后,分小组自行准备实验仪器设备,准备实验材料,配制相关试剂。

**3. 独立完成实验操作**

根据可行性报告和实验准备,实验小组独立开展实验,认真观察,如实记录实验现象和实验数据。

**4. 撰写实验报告**

实验报告内容包括:
(1)实验题目,组员姓名,专业班级,指导老师姓名等。
(2)实验原理。
(3)实验材料与方法。
(4)实验结果与分析 ①说明酶活性测定方法的筛选和理由,判断 pH 值、温度、酶浓度、底物浓度等因素对 $\alpha$-淀粉酶活力的影响,绘制 pH 值、温度、酶浓度、底物浓度等因素对酶促反应速度影响的规律图;②分析实验成功或失败的主要原因,总结实验的收获和体会。
(5)问题与讨论 ①酶活性测定的一般原理是什么?②研究某一因素对酶促反应速度的影响时,为什么要保持反应体系中其他因素不变?
(6)参考资料。

# 实验三十二　菠萝蛋白酶的固定化

## 一、实验目标导航

【知识目标】了解菠萝蛋白酶的一般性质,学习酶固定化的技术原理。
【能力目标】掌握菠萝蛋白酶固定化的操作技术和菠萝蛋白酶活力测定的方法。

## 二、实验设计思路提示

菠萝蛋白酶,简称菠萝酶,也称凤梨酶或凤梨酵素,是从凤梨属植物中提取的一组半胱氨酸巯基蛋白水解复合酶。在菠萝中，菠萝蛋白酶的含量非常丰富，其茎、叶、芽和果实当中均有存在，又以茎和果实中的含量最高，叶和芽中的含量较少。菠萝蛋白酶可使高相对分子质量的多肽水解为低相对分子质量的肽类，且具有水解酰胺基键和脂类的作用。菠萝蛋白酶可应用于食品工业、医药、轻工化妆品等领域，如食品工业上可用于啤酒澄清、肉类嫩化及水解蛋白的生产等，医药上主要用于抗炎、消除水肿、烧伤后脱痂等，畜牧业中可作为一种新型安全兽药等。

菠萝蛋白酶作为生物活性物质，是一种热敏性酶，对外界环境变化的适应范围很窄，易受很多因素的影响而失活。因此，增强酶的贮存和操作稳定性是实际应用研究中的一个重要方面。

和游离酶相比，固定化酶具有稳定性好、耐保存、易回收、对变性剂耐受、可重复利用等优点。固定化技术的应用促进了生物酶的广泛而有效利用。制备固定化酶的方法主要有吸附、包埋、共价键结合和交联法等。

吸附法是指通过离子键、疏水作用、范德华力等非共价键的作用将酶固定到载体上。通常有物理吸附法和离子吸附法。物理吸附法主要是以高吸附性的固体材料为载体，如活性炭、氧化铝、硅藻土、多孔陶瓷、多孔玻璃等。离子吸附法则是以具有离子交换基团的非水溶性材料为载体，通过离子效应将酶固定到载体上，常见的载体有具有离子交换基团的多糖类、离子交换树脂等。

包埋法是将酶包裹在凝胶形成的网络结构中或半透膜聚合物的超滤膜内，使其固定。包埋法不需要对酶蛋白的氨基酸残基进行化学修饰，反应条件温和，酶活力的损失较小。固定化酶常用的包埋材料有很多，其中海藻酸钠最为常见。包埋法适于小分子底物和产物的酶。

共价键结合是指利用酶蛋白中的氨基、羧基或酪氨酸、组氨酸中的芳香环与载体上的某些有机基团形成共价键，使酶固定在载体上。该法的优点是酶与载体结合较牢固，不易脱落，但存在制备方法复杂、条件苛刻、易引起酶的失活等缺点。

交联法是利用双功能或多功能交联试剂在酶分子之间、酶分子与惰性蛋白质间或酶分子与载体间进行交联反应，形成共价键的连接来制备固定化酶。交联法具有良好的热稳定性和贮藏性、良好的操作及保存稳定性、良好的催化活性等技术优点，但交联剂一般价格昂贵，且反应条件要求高。

通过测定固定化前后的酶活力可以计算酶的固定化效率。菠萝蛋白酶酶活力的测定可以通过催化水解酪蛋白生成酪氨酸的反应，结合酪氨酸在紫外光区 275 nm 波长处的吸光度值来计算菠萝蛋白酶的酶活力。也可在蛋白酶催化酪蛋白水解生成酪氨酸后，通过酪氨酸（含酚羟基）与福林试剂（磷钨酸与磷钼酸的混合物）发生福林-酚反应，生成的蓝色产物在 680 nm 波长处有吸收峰来进行定量测定，分析菠萝蛋白酶的酶活力大小。

## 三、实验要求

### 1. 提交可行性报告

组成实验小组，通过查阅文献资料，制订实验方法，设计技术路线，提交可行性报告，包括但不限于：

(1)实验原理。
(2)实验材料选择的依据。
(3)实验操作步骤的设计及依据。
(4)实验器材的选择及使用方法。
(5)实验试剂的准备及配制方法。
(6)实验主要注意事项。
(7)预期实验结果。

**2. 实验准备**

经与实验指导老师确认实验设计方案的可行性后,分小组自行准备实验仪器设备,准备实验材料,配制相关试剂。

**3. 独立完成实验操作**

根据可行性报告和实验准备,实验小组独立开展实验,认真观察,如实记录实验现象和实验数据。

**4. 撰写实验报告**

实验报告内容包括:
(1)实验题目,组员姓名,专业班级,指导老师姓名等。
(2)实验原理。
(3)实验材料与方法。
(4)实验结果与分析　①固定化菠萝蛋白酶的活力单位是如何定义的？②与游离酶比较,分析固定化酶的效率及固定化酶的稳定性。③分析实验成功或失败的主要原因,总结实验的收获和体会。
(5)问题与讨论　①分析实验所采用的固定化方法制备固定化酶的原理,并比较其优缺点。②通过此实验,探讨固定化酶的应用价值。
(6)参考资料。

# 实验三十三　真核细胞 RNA 的分离和鉴定

## 一、实验目标导航

【知识目标】理解真核细胞 RNA 提取和鉴定的原理。
【能力目标】掌握真核细胞 RNA 提取和鉴定的操作技术和主要步骤。

## 二、实验设计思路提示

RNA 的制备与分析工作在转录水平上了解基因表达的情况是必不可少的,也是反转录生成 cDNA 的必要前提步骤。

目前,成熟的提取总 RNA 的方法有 3 种:①苯酚法,即利用 SDS 将蛋白质变性并抑制 RNase(RNA 酶)活性，经多次酚-氯仿抽提除去蛋白、多糖、色素等，再用乙酸钠和乙醇沉淀 RNA；②胍盐法，采用异硫氰酸胍或盐酸胍和 $\beta$-巯基乙醇变性蛋白，并抑制 RNase 的活性，经氯仿抽提后再沉淀；③氯化锂沉淀法，此法的原理是利用锂在一定 pH 值条件下能与 RNA 相对特异地结合、沉淀，但该法易使小分子 RNA 损失，且残留的锂离子对 mRNA 有抑制作用。

此外，Trizol 试剂一步法正被广泛应用。Trizol 是从细胞和组织中提取总 RNA 的即用型试剂，主要成分是苯酚，在裂解细胞后，可使细胞中的蛋白质、核酸等物质解聚，得到释放。苯酚虽可有效变性蛋白质，但不能完全抑制 RNA 酶活性，因此 Trizol 试剂中还加入了 8-羟基喹啉、异硫氰酸胍、$\beta$-巯基乙醇等来抑制内源和外源 RNase。Trizol 试剂的另一优点在于，在样品裂解或匀浆过程中，能保持 RNA 的完整性。加入氯仿并离心后，样品分成水样层和有机层，RNA 存在于水样层中。收集上层的水样层后，RNA 可以通过异丙醇沉淀来还原。在除去水样层后，样品中的 DNA 和蛋白质也能相继以沉淀的方式还原。最后，乙醇沉淀能析出中间层的 DNA，在有机层中加入异丙醇能沉淀出蛋白。通过这些步骤，达到提取 RNA 的目的。

真核细胞的 RNA 分离提取时，要求获得高纯度的、具有充分长度的 RNA 分子，包括 RNA 的纯度和完整性。这就要求提取过程中要把握有效破碎样品(细胞或组织)、有效使核蛋白复合体变性、有效抑制内源 RNase、有效将 RNA 从 DNA 和蛋白混合物中分离的一些关键步骤。其中，最关键的是 RNase 活性的抑制。在分离 RNA 时，应尽量创造一个无 RNase 的环境，包括要严格控制外源性 RNase 的污染，以及要最大限度抑制内源性的 RNase。

提取得到的 RNA 质量可通过紫外分光光度法和核酸电泳两种方法进行判断。紫外分光光度法不仅可以了解所制备的 RNA 浓度，还可以判断 RNA 的纯度。当 $A_{260\,nm} = 1$ 时，相当于 40 μg/mL 的单链 RNA。RNA 纯品的 $A_{260\,nm}/A_{280\,nm}$ 数值范围通常在 1.9~2.1，可以此数值来估计 RNA 的纯度。若比值过高或过低，说明有多糖、多酚类杂质或者 RNA 降解。

琼脂糖凝胶电泳也是 RNA 检测鉴定的主要技术，分为非变性电泳和变性电泳。在非变性电泳中，主要以分离混合物中不同相对分子质量的 RNA 分子为主，无法具体判断其相对分子质量。只有在变性电泳的条件下，RNA 分子完全伸展，其泳动率才与相对分子质量成正比。因此，要测定 RNA 相对分子质量时，一定要用变性凝胶。常用的变性剂为甲醛或戊二醛。

## 三、实验要求

**1. 提交可行性报告**

组成实验小组，通过查阅文献资料，制订实验方法，设计技术路线，提交可行性报告，包括但不限于：

(1) 实验原理。

(2) 实验材料选择的依据。

(3) 实验操作步骤的设计及依据。

(4) 实验器材的选择及使用方法。

(5) 实验试剂的准备及配制方法。

(6)实验主要注意事项。
(7)预期实验结果。

**2. 实验准备**

经与实验指导老师确认实验设计方案的可行性后,分小组自行准备实验仪器设备,准备实验材料,配制相关试剂。

**3. 独立完成实验操作**

根据可行性报告和实验准备,实验小组独立开展实验,认真观察,如实记录实验现象和实验数据。

**4. 撰写实验报告**

实验报告内容包括:
(1)实验题目,组员姓名,专业班级,指导老师姓名等。
(2)实验原理。
(3)实验材料与方法。
(4)实验结果与分析　①根据实验结果分析真核细胞 RNA 的分离效果。②分析实验成功或失败的主要原因,总结实验的收获和体会。
(5)问题与讨论　①如何在分离提取过程中防止 RNA 降解?②常用于实验室的防止 RNase 污染的措施有哪些?常用的 RNase 抑制剂有哪些?其机制分别是什么?③如何判断制备的 RNA 样品的质量?
(6)参考资料。

# 参考文献

董晓燕，2021. 生物化学实验[M]. 3版. 北京：化学工业出版社.
冯建跃，2012. 高校实验室化学安全与防护[M]. 杭州：浙江大学出版社.
芶琳，单志，2015. 生物化学实验[M]. 2版. 成都：西南交通大学出版社.
郭蔼光，郭泽坤，2007. 生物化学实验技术[M]. 北京：高等教育出版社.
胡兰，2006. 动物生物化学实验教程[M]. 北京：中国农业大学出版社.
姜余梅，2017. 生物化学实验指导[M]. 北京：中国轻工业出版社.
李俊，张冬梅，陈钧辉，2020. 生物化学实验[M]. 6版. 北京：科学出版社.
孟博，2009. 生物实验室安全故事手记[M]. 北京：科学出版社.
邵国成，张春艳，2015. 实验室安全技术[M]. 北京：化学工业出版社.
石永春，2018. 基础生物化学实验手册[M]. 北京：中国农业出版社.
苏莉，曾小美，王珍，2018. 生命科学实验室安全与操作规范[M]. 武汉：华中科技大学出版社.
滕利荣，孟庆繁，2012. 生命科学仪器使用技术教程[M]. 2版. 北京：科学出版社.
王金亭，方俊，2020. 生物化学实验教程[M]. 2版. 武汉：华中科技大学出版社.
魏群，2009. 基础生物化学实验[M]. 3版. 北京：高等教育出版社.
解军，程景民，2020. 生物化学的故事：代谢之旅[M]. 北京：高等教育出版社.
杨志敏，谢彦杰，2019. 生物化学实验[M]. 2版. 北京：高等教育出版社.
于国萍，2012. 食品生物化学实验[M]. 北京：中国林业出版社.
张峰，刘倩，2018. 生物化学实验[M]. 北京：中国轻工业出版社.
张宽朝，金青，2019. 生物化学实验指导[M]. 2版. 北京：中国农业大学出版社.
张淑华，2017. 现代生物仪器设备分析技术[M]. 北京：北京理工大学出版社.
赵永芳，2015. 生物化学技术原理及应用[M]. 5版. 北京：科学出版社.
郑蔚虹，张乔，薛永国，2018. 生物仪器及使用[M]. 北京：化学工业出版社.
钟平，黄桂萍，黄庆，2003. 地衣酚-$Cu^{2+}$催化分光光度法测定啤酒废酵母中的RNA[J]. 光谱实验室，20(4)：611-613.
邹国林，裘名宜，朱彤，1991. 超氧化物歧化酶研究的历史、现状及应用前景[J]. 氨基酸杂志(3)：28-32.
HANS BISSWANGER，2018. 酶学实验手册[M]. 刘晓晴，译. 北京：化学工业出版社.

# 附　录

## 附录一　常用仪器的安全操作规范

### 一、容量玻璃器皿

**1. 移液管**

移液管是生物化学实验中最常用的卸量容器，可用来准确移取一定体积的溶液。移取溶液时，如移液管不干燥，应预先用所吸取的溶液将移液管润洗 2~3 次，以确保所吸取的操作溶液浓度不变。吸取溶液时，一般用左手的大拇指和中指拿住管颈刻度线的上方，把管尖插入溶液中；右手拿洗耳球，挤出球内空气后，将洗耳球尖端插入吸管口，慢慢松开右手指，使溶液吸入管内。当液面升高至刻度以上时，移开洗耳球的同时，立即用左手食指紧按住管口，将移液管稍许上移离开液面，但保持管的末端仍靠在盛溶液器皿的内壁上，视线与移液管内的液面平行。略微放松食指或利用大拇指和中指轻轻转动移液管，使液面平稳下降，直到溶液的弯月面与刻度标线相切时，立即用食指压紧管口，取出移液管，插入接收器中，管尖靠在接收器内壁约呈 15°夹角，松开食指让管内溶液自然地沿器壁流下。遗留在移液管尖端的溶液及停留的时间要根据移液管的种类不同进行不同操作。例如，有的移液管刻度线上方标有"吹"字的为吹出式，使用时最后应吹出管尖内遗留的液体；反之，没有"吹"字，则需要将移液管尖靠在接收容器内壁停留数秒，同时转动吸管，尖端多余的遗留液体无须刻意吹出。

**2. 滴定管**

滴定管是滴定分析法中所用的主要量器，可以准确量取不固定量的溶液或用于容量分析。操作时，待把滴定管垂直固定在铁架台上后，首先，关闭活塞，用漏斗向管腔中加入一定量的溶液。接着，打开活塞，让溶液充满活塞下方的空间(保证排除空气)后关闭活塞，读取液体弯月面的刻度，记在记录本上。再次打开活塞，收集适量溶液，然后读取溶液弯月面的刻度，两次读数之差即为分配的溶液体积。滴定时通常使用磁力搅拌器充分混合溶液。常用的常量滴定管有 25 mL 及 50 mL 两种，其最小刻度单位是 0.1 mL，滴定后读数时可以估计到小数点后 2 位数字。在生物化学实验工作中常使用 2 mL 及 5 mL 半微量滴定管。该滴定管内径狭窄，尖端流出的液滴较小，最小刻度单位是 0.01~0.02 mL，读数可到小数点后 3 位数字。在读数以前要多等候一段时间，以便让溶液缓慢流下。

**3. 量筒**

量筒不是移液管或滴定管的代用品。在准确度要求不高的情况下，可用量筒来量取相对大量的液体。使用时，将量筒放置在水平面上，保持刻度水平。先将溶液加到相应刻度线以下，再用滴管慢慢滴加，直至液体的弯月面与刻度相平。读数时要静置一定时间，让溶液从器壁上完全流下。量筒规格以所能量度的最大容量(mL)表示，常用的有 10～2 000 mL 等。生物化学实验中应根据所取溶液的体积，尽量选用能一次量取的最小规格的量筒。

### 4. 容量瓶

容量瓶具有狭窄的颈部和环形的刻度，是在一定温度下(通常为 20℃)检定可标定准确体积的容器。使用前，应检查容量瓶容积与实验要求是否一致，检查容量瓶瓶塞(瓶塞应系在瓶颈上，不得任意更换)是否严密、确保不漏水。容量瓶刻度线以上的内壁若挂有水珠，会影响体积准确度，所以应该洗得很干净。所称量的固体物质必须预先在小烧杯中溶解，冷却至室温后才能转移到容量瓶中。容量瓶不可加热或烘干。

### 5. 滴管

滴管一般由橡皮胶头和尖嘴玻璃管构成。使用滴管时要保持其垂直，以中指和无名指夹住管柱，拇指和食指轻轻挤压胶头，使液体逐滴滴下。液体滴下前要确保管尖部的空气排出，才能滴出一滴完整的液滴。若待吸取的液体有毒，则需要格外小心，在松开胶头之前一定要将管尖移离溶液，吸入的空气可防止液体溢散。为了避免交叉污染，注意不要将溶液吸入胶头或将滴管横放，使用一次性塑料滴管的安全性更好。

## 二、移液器

移液器，又称微量移液器或移液枪，是生物化学实验室常用的小件精密设备。作为一种可调的连续精密取液仪器，其基本原理是通过调节轮控制螺杆从而带动活塞上下移动实现不同体积液体的移取。操作时，通过推动按钮带动推杆使活塞向下移动，排出活塞腔内的气体；松手后，活塞在复位弹簧的作用下恢复原位，从而完成一次吸液过程。移液器由连续可调的机械装置和可替换吸头两部分组成。不同型号的移液器所配吸头有所不同，实验室常用的移液器通常有 2.5 μL、10 μL、20 μL、100 μL、200 μL 和 1 mL 等规格。移液器的正确使用直接关系到实验的准确性、重复性以及移液器的使用寿命。

移液器的正确使用包括以下几个方面：①根据实验精度选用正确量程的移液器，一定不要试图移取超过最大量程的液体，否则会损坏移液器；②调整移液器时，切勿超过最大或最小量程，以免降低弹簧的使用性能；③将一次性枪头安装在移液器的吸杆上，必要时可用手辅助套紧，但要防止由此可能带来的污染。然后将吸量按钮按至第一档，将吸嘴垂直插入待取液体中，深度以刚浸没吸头尖端为宜，然后慢慢向上释放按钮以吸取液体。释放所吸液体时，先将枪头垂直接触在受液容器壁上，向下慢慢按压按钮至第一档，停留 1～2 s 后，再按至第二档以排出所有液体。注意在吸量过程中，动作应轻缓，并禁止将移液器水平放置，防止液体倒流，平时不用时将移液器置于架上。

## 三、电子天平

电子天平是生物化学实验中常用的称量仪器之一。电子天平具有称量结果准确可靠、显示快速清晰、使用方法简便等优点。

### 1. 常用电子天平的操作规程

以 YP/JY 系列电子天平为例，包括以下 6 个环节：

（1）准备　将天平置于稳定的工作台上，避免震动、气流、阳光照射及强电磁波干扰等。调节两只水平调节脚，使水平泡位于水平仪中央，以弥补称量操作台面的不平整对称量结果的影响。

（2）开机　接通电源，打开电源开关，预热 30 min。

（3）校准　按"CAL（校准）"键约 3 s，放上相应值的砝码，待显示器显示砝码重量后，即可进入称重状态。

（4）去皮　按"TARE（去皮）"键，去掉秤盘上的皮重。

（5）称量　置待称物品于秤盘上，示数稳定后，读取物体的质量。

（6）称量完毕　取出称量物品，关闭电源。

**2. 注意事项**

（1）称量物品时应遵循逐次添加原则，轻拿轻放；皮重和待称物质量的和不得超过天平的称量范围。

（2）不准在秤盘上直接称试剂，应使用称量纸或盛放在干净的容器内称量。

（3）天平使用完后，应对其内部、外部周围区域进行清理，不可把待称量物品长时间放置于天平周围。

## 四、离心机

离心方法是分离和制备生物大分子最常用的手段，因而生物化学实验室必须备有各种形式的离心机。常用的有普通台式离心机、高速冷冻离心机和超速离心机等。

**1. 常用低速离心机**

以中佳 SC-2542/2546/2548 为例，操作方法如下：

（1）开箱后，将离心机放置于桌或平面台板上，使离心机底面四只橡胶机脚与桌面接触，均匀受力。

（2）插上电源插座，按下电源开关，接通电源。

（3）按"STOP"键，打开门盖。将加入试液的偶数数量离心管放入管套，对称放入离心机转子中，注意必须保证离心管对称放置并质量相等，否则会产生振动和噪声。

（4）关上门盖，并锁紧。如果未关上门盖或门盖未锁紧，离心机不能启动运转，时间窗口显示 E4 号故障。

（5）设置转速和时间

①设置转速：按"SET"键及"▲/▼"键，选择离心机本次工作的转速。离心机程序已锁定最高转速 5 000 r/min。

②设置时间：按"SET"键及"▲/▼"键，选择离心机本次工作的时间。时间为倒计时。

③当上述步骤完成后，按"ENTER"键确认上述所设定的转速和时间。

（6）启动和停止运行

①启动：按"START"键启动离心机运转，运行指示灯亮。

②自动停止：运行时间倒计时到零，离心机自动减速停止运行，停止指示灯亮，当转速等于 0 r/min 时，蜂鸣器鸣叫 3 声，按"STOP"键打开门锁。

③人工停止：在运行中按"STOP"键离心机减速停止运行，停止指示灯亮。

(7) 查看离心力　在运行中，如果要查看离心力，按下"RCF"键即显示当时转速相对应的离心力；再按"RCF"键又返回显示转速。

(8) 短时离心　在接通电源并关上门盖后，按住"PULSE"键不动，离心机快速运转，松开后离心机自动停止。

(9) 离心管的取出　离心机停止运转后，按"STOP"键打开门锁，将电源开关标有"O"符号一端按下，切断电源。将门盖打开，取出离心管。

(10) 关闭电源　工作完成后，应关闭电源或拔出电源线插头。

常用低速离心机使用时需注意：

(1) 在离心机运行时，不要抬起或者移动离心机。

(2) 在转子旋转时不要打开门盖。

(3) 转子应在转子设计转速内使用，严禁超速使用。

### 2. 台式高速冷冻离心机

以上海卢湘仪 TGL-16M 为例，操作方法如下：

(1) 打开仪器的电源开关，压缩机启动，仪表面板上数码管闪亮发光。

(2) 点击控制面板上的"开锁"键，门锁打开，向上推启打开仪器的门盖。

(3) 认真检查转子、试管是否存在裂纹、损伤。对于不能使用的必须及时更换和维护。

(4) 根据需要选择转子，并将转子对准轴套中心，小心地慢慢放入轴套。

(5) 将待处理物质转入离心管，并使用天平测量配平。配平后的离心管对称地放入转子，旋转好转子盖。

(6) 将门盖下压关上，用手往上扳门盖时应无法打开。当按启动键时，若离心机无法启动运转，说明门盖未关好，需重新开打门盖后再次关闭。

(7) 设置运行参数

① 设置转速：按下"SET"键，当"SPEED"显示窗口数码管闪烁时，通过"▲/▼"键设置本次工作的转速，并按"ENTER"键保存当前设置。

② 设置时间：按下"SET"键，当"TIME"显示窗口数码管闪烁时，通过"▲/▼"键设置本次工作的时间，并按"ENTER"键保存当前设置。

③ 设置温度：按下"SET"键，当"TEMP"显示窗口数码管闪烁时，通过"▲/▼"键设置本次工作所需要的温度，并按"ENTER"键保存当前设置。

(8) 按"START"键，启动指示灯亮，仪器启动运行。

(9) 仪器运行到设置时间，自动减速停止运行。当转速到 0 时，可以打开门锁。若运行时间倒计时未完成前需要提前结束，可通过按"STOP"键离心机减速停止运行。当转速到 0 时，可以打开门锁。

(10) 按门锁键，打开离心机门盖，取出离心管。

(11) 根据操作提示，卸除转子，将其置于平铺柔软物的平整桌面。

(12) 关闭仪器电源。

台式高速冷冻离心机使用时需注意：

(1) 离心前须在天平上精密地平衡离心管及其内容物，并将样品对称放置于离心机内。

(2) 转速设定不得超过最高转速，严禁超速使用。

(3)为保证冷冻效果，当环境温度过高时，应对转子和离心腔进行预冷。离心完毕后要擦干离心腔内水分。

### 五、分光光度计

在生物化学实验中，分光光度计主要用于氨基酸、蛋白质及核酸等的含量测定，以及酶活力测定、生物大分子的鉴定和酶催化反应动力学的研究等。下面介绍几种常用的分光光度计使用方法。

**1. 可见分光光度计**

以上海 AOE V-1000 为例，操作方法如下：

(1)仪器接通电源，开机，预热 20 min。

(2)比色皿架有 4 个槽位，拉杆往里推到底时处在槽位 1，往外拉动一档为挡光位置，接下来依次为槽位 2、槽位 3、槽位 4。将所有试样装入比色皿，依次放入暗箱内的比色皿架上。拉杆推至槽位 1，此时空白溶液应位于光路上。盖上暗箱。

(3)按"GOTO λ"，输入所需的波长数值，按"ENTER"键确认。

(4)按"ZERO"键，等待显示面板出现".000"，表明调零完成。

(5)依次拉出拉杆至槽位 2、槽位 3、槽位 4，显示面板出现的数值即为样品的实际吸光度。

(6)测试结束，及时将样品室中的样品取出，关闭仪器电源。

可见分光光度计使用时需注意：

(1)测试前必须进行调零。

(2)在某特定波长下测试，每次改变波长后，要重新调"100%T"。

(3)仪器执行各项操作时，样品暗箱盖必须不能打开。

**2. 紫外-可见分光光度计**

以普析通用 T6(新世纪)为例，操作方法如下：

(1)开机自检　打开仪器主机电源，开始初始化，完成后仪器进入主菜单界面。

(2)进入光度测量状态　按"ENTER"键进入光度测量主界面。

(3)进入测量界面　按"START/STOP"键进入样品测定界面。

(4)设置测量波长　按"GOTO λ"键，在界面中输入测量的波长。例如，实验需要在 460 nm 波长下进行测量，则输入 460，再按"ENTER"键确认，仪器将自动调整波长。

(5)进入设置参数　这个步骤中主要设置样品池。按"SET"键进入参数设定界面，按"下"键使光标移动到"试样设定"。按"ENTER"键确认，返回设定界面。

(6)设定使用样品池个数　按"下"键使光标移动到"使用样池数"，按"ENTER"键循环选择需要使用的样品池个数。

(7)样品测量　按"RETURN"键返回到参数设定界面，再按"RETURN"键返回到光度测量界面。在 1 号样品池内放入空白溶液，2 号池内放入待测样品。关闭样品池盖后按"ZERO"键进行空白校正，再按"START/STOP"键进行样品测量。如需要测量下一个样品，取出比色皿，更换为下一个测量的样品后，按"START/STOP"键即可读数。如需更换波长，可直接按"GOTO λ"键调整波长。注意，更换波长后必须重新按"ZERO"进行空白校正。如果每次使用的比色皿数量是固定个数，下一次使用仪器可以跳过上述(5)(6)步骤直接进入样品测量。

(8)结束测量　测量完成后按"PRINT"键打印数据。如果没有打印机，需自行记录数据，退出程序或关闭仪器后测量数据将消失。从样品池中取走所有比色皿，擦拭干净。按"RETURN"键直接返回到仪器主菜单界面，关闭仪器电源。

紫外-可见分光光度计使用时需注意：
(1)进入功能操作后，请不要无目的地触摸键盘，以免误操作。
(2)测量运行时，切勿打开样品室的盖子。比色皿内的液体不宜过满，避免泼洒。
(3)如果不用紫外波段，可在仪器自检结束后关闭氘灯，以延长其寿命。

## 六、电泳设备

电泳是生物化学实验中最常用、最重要的技术之一，主要用于分析、鉴定等方面，也可用于样品制备。电泳装置一般由电泳仪和电泳槽两部分组成。

**1. DYY-6C 电泳仪**

电泳仪可为电泳提供专用直流电，通过在电泳槽中产生电场驱动带电分子的迁移。以 DYY-6C 电泳仪为例，操作方法如下：

(1)确认与有接地保护的电源插座相连。
(2)按正负极接好电泳槽与电泳仪的连接导线，并放入电泳样品。有关电泳样品的详细操作参看电泳槽的使用说明。
(3)开启电泳仪的电源开关。仪器蜂鸣4声，液晶屏显示参数设定面。
(4)设置工作程序。如要改变电压、电流、时间等参数数值，可按"▲/▼"按键进行设定。
(5)程序设置完毕后，按"启动"键，仪器蜂鸣4声。当输出稳定后，稳压/稳流状态分别由"U""I"是否闪烁表示。在稳压/稳流状态改变时，仪器会自动蜂鸣2声以提醒用户。仪器正常输出后，设定值 Us、Is、Ts 自动变为实际值 U、I、T。
(6)如果没有达到预想的稳定值，可检查电泳样品的配置是否正常或调节相应电压电流的设定值进行解决。
(7)选择设置 Us、Is、Ts 后，在 8 s 内不按任何按键，则自动返回显示实际值 U、I、T。
(8)若要在仪器正常输出时停机，可按"启/停"键，输出立刻停止，液晶屏显示"Stop"，同时仪器反复蜂鸣，此时按一下"选择"键，仪器停止蜂鸣。如果希望继续工作，按一下"Go on"，可在设置的定时时间数值上继续累加。而如果选择"Start"，则计时重新从"0:00"开始。
(9)仪表显示以下信息的含义：
Stop→停机；No Load→空载；Over_load→过载停机；Over_U→电压超限；Over_I→电流超限。

DYY-6C 电泳仪使用过程中的注意事项：
(1)应定时检查电极连线与电泳槽接触是否良好，以避免因连接故障造成仪器不能正常工作。

（2）使用中应避免接触输出回路及电泳槽内部，以免发生危险。

（3）连接两个以上电泳槽时，电流显示值为各槽电流之和。而各槽上的电压是相同的，此时应采用稳压工作方式。

（4）使用过程中出现停电后来电情况，本仪器将回到初始设定状态。

（5）当仪器定时达到最大时间 100 h 后，仪器自动关闭输出，并显示"End"。

**2. 垂直电泳槽**

以 DYCZ-24DN 型垂直电泳槽为例，可用于蛋白样品的凝胶电泳，操作方法如下：

（1）制胶  将凹玻璃板与平玻璃板重叠后，放入电泳槽主体内夹住，然后插入斜插板挤紧玻璃板。如果是做单板胶，另一侧用单胶堵板代替。

将电泳槽主体放在制胶器上，此时手柄箭头与底座箭头对齐，两手同时把手柄向里推动，直到推不动为止，然后开始旋转手柄。

如果是做 1.5 mm、1.0 mm、0.75 mm 的胶，旋转手柄分别听到咔的一声、咔咔的两声、咔咔咔的三声，底座箭头指向手柄 1.5 mm、1.0 mm、0.75 mm 标志处，此时已经压紧，开始灌胶。

如果是做单板胶，另一侧用单胶堵板代替，这一侧旋转手柄听到咔咔两声，底座箭头指向手柄 1.0 mm 标志处，另一侧指向相应的位置。

凝胶聚合后，反向转动手柄箭头与底座箭头对齐，此时手柄弹出。然后把电泳槽主体从制胶器上取下放入电泳槽下槽，将缓冲液加至内槽玻璃凹口以上，外槽缓冲液加到距平玻璃上沿 3 mm 处即可。注意避免在胶室下端出现气泡。

（2）电泳  加样时可用加样器斜靠在提手边缘的凹槽内，以准确定位加样位置。盖好上盖，在 150 V 电压以下进行电泳分离，根据指示剂位置确定电泳时间。电泳结束后，关掉电源，打开上盖，拔掉斜插板，取出玻璃板，用刀片或薄板轻轻将玻璃夹层分开。

DYCZ-24DN 型垂直电泳槽使用时需注意：

（1）电泳前，禁止将电泳槽附带的电源导线连接到电泳仪电源上。

（2）主体放入制胶器以前，橡胶必须放在制胶器定位槽内，橡胶正反两面都可以使用，可交替使用。每次制胶后可用清水冲净，自然风干或用吸干纸吸干，切记不可用加热方法烘干。

（3）在灌胶和凝胶过程中，不要转动手柄，否则会漏胶。

# 附录二　实验室常用参考数据

## 一、常用酸碱指示剂及有机溶剂的性质

### 1. 常用酸碱指示剂的配制

(1) 酚酞指示剂　取酚酞 1 g，加 95% 乙醇 100 mL 使溶解，即得。变色范围为 pH 8.3~10.0（无色—红）。

(2) 淀粉指示液　取可溶性淀粉 0.5 g，加水 5 mL 搅匀后，缓缓倾入 100 mL 沸水中，随加随搅拌，继续煮沸 2 min，放冷，取上清液即得。注意：本液应临用前配制。

(3) 碘化钾淀粉指示液　取碘化钾 0.2 g，加新制的淀粉指示液 100 mL，使溶解，即得。

(4) 甲基红指示液　取甲基红 0.1 g，加 0.05 mol/L 氢氧化钠溶液 7.4 mL 使溶解，再加水稀释至 200 mL，即得。变色范围为 pH 4.2~6.3（红—黄）。

(5) 甲基橙指示液　取甲基橙 0.1 g，加水 100 mL 溶解，即得。变色范围为 pH 3.2~4.4（红—黄）。

(6) 中性红指示液　取中性红 0.5 g，加水使溶解成 100 mL，过滤，即得。变色范围为 pH 6.8~8.0（红—黄）。

(7) 孔雀绿指示液　取孔雀绿 0.3 g，加冰乙酸 100 mL 溶解，即得。变色范围为 pH 0.0~2.0（黄—绿）；11.0~13.5（绿—无色）。

(8) 对硝基酚指示液　取对硝基酚 0.25 g，加水 100 mL 溶解，即得。

(9) 刚果红指示液　取刚果红 0.5 g，加 10% 乙醇 100 mL 溶解，即得。变色范围为 pH 3.0~5.0（蓝—红）。

(10) 结晶紫指示液　取结晶紫 0.5 g，加冰乙酸 100 mL 溶解，即得。

### 2. 常用酸碱试液的相对密度、浓度及配制

| 名称 | 化学式 | 相对密度（20℃） | 质量分数/% | 质量浓度/（g/mL） | 物质的量浓度/（mol/L） | 配制方法 |
| --- | --- | --- | --- | --- | --- | --- |
| 浓盐酸 | $HCl$ | 1.19 | 38 | 44.30 | 12 | |
| 稀盐酸 | $HCl$ | | 10 | | 2.8 | 浓盐酸 234 mL 加水至 1 000 mL |
| 浓硫酸 | $H_2SO_4$ | 1.84 | 96~98 | 175.9 | 18 | |
| 稀硫酸 | $H_2SO_4$ | | 10 | | 1 | 浓硫酸 57 mL 缓缓倾入约 800 mL 水中，并加水至 1 000 mL |
| 浓硝酸 | $HNO_3$ | 1.42 | 70~71 | 99.12 | 16 | |
| 稀硝酸 | $HNO_3$ | | 10 | | 1.6 | 浓硝酸 105 mL 缓缓加入约 800 mL 水中，并加水至 1 000 mL |

（续）

| 名称 | 化学式 | 相对密度<br>（20℃） | 质量分数/<br>% | 质量浓度/<br>（g/mL） | 物质的量浓度/<br>（mol/L） | 配制方法 |
|---|---|---|---|---|---|---|
| 冰乙酸 | $CH_3COOH$ | 1.05 | 99.5 | 104.48 | 17 | |
| 稀乙酸 | $CH_3COOH$ | | | 6.01 | 1 | 冰乙酸60 mL加水稀释至1 000 mL |

### 3. 常用有机溶剂主要性质

| 名称 | 化学式 | 相对分子质量 | 熔点/℃ | 沸点/℃ | 溶解性 | 性质 |
|---|---|---|---|---|---|---|
| 甲醇 | $CH_3OH$ | 32.04 | -97.8 | 64.7 | 溶于水、乙醇、乙醚、苯等 | 无色透明，有毒，易燃，易氧化成甲醛，其蒸气能与空气形成爆炸性的混合物 |
| 乙醇 | $C_2H_5OH$ | 46.07 | -114.10 | 78.5 | 能与水、苯、醚等有机溶剂互溶 | 无色透明，有刺激性气味，易挥发，易燃 |
| 丙醇 | $C_3H_7OH$ | 60.09 | -127.0 | 97.2 | 与水、乙醇、乙醚等互溶 | 无色透明，对眼睛有刺激作用，有毒，易燃 |
| 丙三醇（甘油） | $C_3H_8O_3$ | | | 180 | 易溶于水，在乙醇等中溶解度较小，不溶解于醚、苯和氯仿 | 无色，有甜味，黏稠，具有吸湿性，但含水到20%就不再吸水 |
| 丙酮 | $C_3H_6O$ | 58.08 | -94.0 | 56.5 | 与水、乙醇、氯仿、乙醚及多种油类互溶 | 无色透明，易挥发，有令人愉快的气味，易燃，能溶解多种有机物，是常用的有机溶剂 |
| 乙醚 | $C_4H_{10}O$ | 74.12 | -116.3 | 34.6 | 微溶于水，易溶于浓盐酸，与醇、苯、氯仿、石油醚及脂肪溶剂互溶 | 无色透明，易挥发，易燃，其蒸气与空气混合极易爆炸，有麻醉性 |
| 乙酸乙酯 | $C_4H_9O_2$ | 88.1 | -83.0 | 77.0 | 能与水、乙醇、乙醚、丙酮及氯仿等互溶 | 无色透明，易挥发，易燃，有果香味 |
| 苯 | $C_6H_6$ | 78.11 | 5.5（固） | 80.1 | 微溶于水和醇，能与乙醚、氯仿及油等混溶 | 白色结晶，溶液呈酸性，易燃，有毒性，对造血系统有损害 |
| 甲苯 | $C_7H_8$ | 92.12 | -95 | 110.6 | 不溶于水，能与多种有机溶剂混溶 | 无色透明，有特殊芳香味，易燃，有毒 |
| 苯酚 | $C_6H_5OH$ | 94.11 | 42 | 182.0 | 溶于热水，易溶于乙醇等有机溶剂，不溶于冷水和石油醚 | 无色结晶，见光或暴露在空气中变为淡红色，有刺激性和腐蚀性，有毒 |
| 氯仿 | $CHCl_3$ | 119.39 | -63.5 | 61.2 | 微溶于水，能与醇、醚、苯等有机溶剂及油类混溶 | 无色透明，有香甜味，易挥发，不易燃烧，有麻醉作用 |
| 四氯化碳 | $CCl_4$ | 153.84 | -23（固） | 76.7 | 不溶于水，能与乙醇、苯、氯仿等混溶 | 无色透明，不易燃，可用于灭火，有毒 |
| 石油醚 | | | | 30~70 | 不溶于水，能与多种有机溶剂混溶 | 无色透明，低沸点，极易燃，和空气的混合物有爆炸性 |
| 乙二胺四乙酸 | $C_{10}H_{16}N_2O_8$ | 292.25 | | 240 | 溶于氢氧化钠、碳酸钠和氨溶液，不溶于冷水、醇和一般有机溶剂 | 白色结晶粉末，能与碱金属、稀土元素、过渡金属等形成极稳定的水溶性络合物，常用作络合试剂 |

## 二、氨基酸的一些物理常数

| | 中文名称 | 英文缩写 | 单字符号 | 相对分子质量 | 等电点(pI) | 溶解度(25℃)/% | 熔点/℃ | p$K_a$ α-COOH | p$K_a$ α-NH$_2$ | p$K_a$ R基 |
|---|---|---|---|---|---|---|---|---|---|---|
| 正电荷 | 赖氨酸 | Lys | K | 146.19 | 9.74 | 易溶 | 224d* | 2.18 | 8.95 | 10.53 |
| | 精氨酸 | Arg | R | 174.2 | 10.76 | 15.0 | 244d | 2.17 | 9.04 | 12.48 |
| | 组氨酸 | His | H | 155.16 | 7.59 | 4.16 | 277d | 1.82 | 9.17 | 6.0 |
| 负电荷 | 天冬氨酸 | Asp | D | 133.10 | 2.77 | 0.5 | 269 | 2.09 | 9.82 | 3.86 |
| | 谷氨酸 | Glu | E | 147.13 | 3.22 | 0.864 | 249d | 2.19 | 9.67 | 4.25 |
| 极性中性 | 丝氨酸 | Ser | S | 105.09 | 5.68 | 25 | 223d | 2.21 | 9.15 | |
| | 苏氨酸 | Thr | T | 119.12 | 6.16 | 易溶 | 253d | 2.63 | 10.43 | |
| | 酪氨酸 | Tyr | Y | 181.19 | 5.66 | 0.045 | 342d | 2.20 | 9.11 | 10.07 |
| | 天冬酰胺 | Asn | N | 132.12 | 5.41 | 2.98 | 236d | 2.02 | 8.8 | |
| | 谷氨酰胺 | Gln | Q | 146.15 | 5.65 | 3.6 | 184 | 2.17 | 9.13 | |
| | 半胱氨酸 | Cys | C | 121.15 | 5.07 | 易溶 | 178 | 1.71 | 8.33 | 10.78 |
| | 甘氨酸 | Gly | G | 75.07 | 5.97 | 24.99 | 292d | 2.34 | 9.6 | |
| 非极性 | 丙氨酸 | Ala | A | 89.09 | 6.00 | 16.6 | 295d | 2.35 | 9.69 | |
| | 缬氨酸 | Val | V | 117.15 | 5.96 | 8.85 | 315d | 2.32 | 9.62 | |
| | 亮氨酸 | Leu | L | 131.17 | 5.98 | 2.19 | 337d | 2.36 | 9.60 | |
| | 异亮氨酸 | Ile | I | 131.17 | 6.02 | 4.12 | 285d | 2.36 | 9.68 | |
| | 脯氨酸 | Pro | P | 115.13 | 6.30 | 162.3 | 220d | 1.95 | 10.64 | |
| | 苯丙氨酸 | Phe | F | 165.19 | 5.48 | 2.96 | 283d | 1.83 | 9.13 | |
| | 色氨酸 | Trp | W | 204.22 | 5.89 | 1.14 | 281 | 2.38 | 9.39 | |
| | 甲硫氨酸 | Met | M | 149.21 | 5.74 | 易溶 | 283d | 2.28 | 9.21 | |

*d 代表到达熔点后分解。

## 三、常见蛋白质的相对分子质量和等电点参考值

| 名称 | 相对分子质量 | 等电点(pI) | 名称 | 相对分子质量 | 等电点(pI) |
|---|---|---|---|---|---|
| 肌球蛋白 | 212 000 | 5.2~5.5 | 胰蛋白酶 | 23 300 | 10.1 |
| 血清白蛋白(人) | 68 000 | 4.64 | 肌红蛋白 | 17 200 | 6.99 |
| 血清白蛋白(牛) | 67 000 | 4.7 | 血红蛋白(人) | 64 500(4) | 7.07 |
| 过氧化氢酶 | 232 000(4) | 5.4 | 核糖核酸酶 | 13 700 | 7.8 |
| 谷氨酸脱氢酶 | 320 000 | 5.6 | 胰岛素 | 11 466(2) | 5.35 |
| 卵清蛋白(鸡) | 43 000 | 4.7 | α-淀粉酶 | 50 000(2) | 5.2 |
| 胃蛋白酶(猪) | 35 000 | 1.0 | 脲酶 | 480 000(5)[240 000(2), 83 000(3)] | 4.8 |
| 胰凝乳蛋白酶原 | 25 700 | 8.1 | | | |
| 细胞色素C | 13 370 | 9.8~10.0 | 溶菌酶 | 14 400 | 11.2 |
| β-半乳糖苷酶 | 116 000 | 4.6 | 醛缩酶 | 40 000 | 5.0 |

## 四、硫酸铵饱和度常用表

### 1. 调整硫酸铵溶液饱和度计算表(25℃)

| | | 硫酸铵终质量浓度，饱和度/% | | | | | | | | | | | | | | | |
|---|---|---|---|---|---|---|---|---|---|---|---|---|---|---|---|---|---|
| | | 0 | 20 | 25 | 30 | 33 | 35 | 40 | 45 | 50 | 55 | 60 | 65 | 70 | 75 | 80 | 90 | 100 |
| | | 每 1 000 mL 溶液加固体硫酸铵的质量/g* | | | | | | | | | | | | | | | | |
| 硫酸铵初质量浓度，饱和度/% | 0 | 56 | 114 | 114 | 176 | 196 | 209 | 243 | 277 | 313 | 351 | 390 | 430 | 472 | 516 | 561 | 662 | 707 |
| | 10 | | 57 | 86 | 118 | 137 | 150 | 183 | 216 | 251 | 288 | 326 | 365 | 406 | 449 | 494 | 592 | 694 |
| | 20 | | | 29 | 59 | 78 | 81 | 123 | 155 | 189 | 225 | 262 | 300 | 340 | 382 | 424 | 520 | 619 |
| | 25 | | | | 30 | 49 | 61 | 93 | 125 | 158 | 193 | 230 | 267 | 307 | 348 | 390 | 485 | 583 |
| | 30 | | | | | 19 | 30 | 62 | 94 | 127 | 162 | 198 | 235 | 273 | 314 | 356 | 449 | 546 |
| | 33 | | | | | | 12 | 43 | 74 | 107 | 142 | 177 | 214 | 252 | 292 | 333 | 426 | 522 |
| | 35 | | | | | | | 31 | 63 | 94 | 129 | 164 | 200 | 238 | 278 | 319 | 411 | 506 |
| | 45 | | | | | | | | | 32 | 65 | 99 | 134 | 171 | 210 | 250 | 339 | 431 |
| | 50 | | | | | | | | | | 33 | 66 | 101 | 137 | 176 | 214 | 302 | 392 |
| | 55 | | | | | | | | | | | 33 | 67 | 103 | 141 | 179 | 264 | 353 |
| | 60 | | | | | | | | | | | | 34 | 69 | 105 | 143 | 227 | 314 |
| | 65 | | | | | | | | | | | | | 34 | 70 | 107 | 190 | 275 |
| | 70 | | | | | | | | | | | | | | 35 | 72 | 153 | 237 |
| | 75 | | | | | | | | | | | | | | | 36 | 115 | 198 |
| | 80 | | | | | | | | | | | | | | | | 77 | 157 |
| | 90 | | | | | | | | | | | | | | | | | 79 |

* 在 25℃下，硫酸铵溶液由初浓度调到终浓度时，每 1 000 mL 溶液所加固体硫酸铵的克数。

## 2. 调整硫酸铵溶液饱和度计算表(0℃)

| | | \multicolumn{16}{c}{硫酸铵终质量浓度,饱和度/%} |
|---|---|---|---|---|---|---|---|---|---|---|---|---|---|---|---|---|---|
| | | 20 | 25 | 30 | 35 | 40 | 45 | 50 | 55 | 60 | 65 | 70 | 75 | 80 | 85 | 90 | 100 |
| | | \multicolumn{16}{c}{每 100 mL 溶液加固体硫酸铵的质量/g *} |
| 硫酸铵初质量浓度,饱和度/% | 0 | 10.6 | 13.4 | 16.4 | 19.4 | 22.6 | 25.8 | 29.1 | 32.6 | 36.1 | 39.8 | 43.6 | 47.6 | 51.6 | 55.9 | 60.3 | 65.0 | 69.7 |
| | 5 | 7.9 | 10.8 | 13.7 | 16.6 | 19.7 | 22.9 | 26.2 | 29.6 | 33.1 | 36.8 | 40.5 | 44.4 | 48.4 | 52.6 | 57.0 | 61.5 | 66.2 |
| | 10 | 5.3 | 8.1 | 10.9 | 13.9 | 16.9 | 20.0 | 23.3 | 26.6 | 30.1 | 33.7 | 37.4 | 41.2 | 45.2 | 49.3 | 53.6 | 58.1 | 62.7 |
| | 15 | 2.6 | 5.4 | 8.2 | 11.1 | 14.1 | 17.2 | 20.4 | 23.7 | 27.1 | 30.6 | 34.3 | 38.1 | 42.0 | 46.0 | 50.3 | 54.7 | 59.2 |
| | 20 | 0 | 2.7 | 5.5 | 8.3 | 11.3 | 14.3 | 17.5 | 20.7 | 24.1 | 27.6 | 31.2 | 34.9 | 38.7 | 42.7 | 46.9 | 51.2 | 55.7 |
| | 25 | | 0 | 2.7 | 5.6 | 8.4 | 11.5 | 14.6 | 17.9 | 21.1 | 24.5 | 28.0 | 31.7 | 35.5 | 39.5 | 43.6 | 47.8 | 52.2 |
| | 30 | | | 0 | 2.8 | 5.6 | 8.6 | 11.7 | 14.8 | 18.1 | 21.4 | 24.9 | 28.5 | 32.3 | 36.2 | 40.2 | 44.5 | 48.8 |
| | 35 | | | | 0 | 2.8 | 5.7 | 8.7 | 11.8 | 15.1 | 18.4 | 21.8 | 25.4 | 29.1 | 32.9 | 36.9 | 41.0 | 45.3 |
| | 40 | | | | | 0 | 2.9 | 5.8 | 8.9 | 12.0 | 15.3 | 18.7 | 22.2 | 25.8 | 29.6 | 33.5 | 37.6 | 41.8 |
| | 45 | | | | | | 0 | 2.9 | 5.9 | 9.0 | 12.3 | 15.6 | 19.0 | 22.6 | 26.3 | 30.2 | 34.2 | 38.3 |
| | 50 | | | | | | | 0 | 3.0 | 6.0 | 9.2 | 12.5 | 15.9 | 19.4 | 23.0 | 26.8 | 30.8 | 34.8 |
| | 55 | | | | | | | | 0 | 3.0 | 6.1 | 9.3 | 12.7 | 16.1 | 19.7 | 23.5 | 27.3 | 31.3 |
| | 60 | | | | | | | | | 0 | 3.1 | 6.2 | 9.5 | 12.9 | 16.4 | 20.1 | 23.1 | 27.9 |
| | 65 | | | | | | | | | | 0 | 3.1 | 6.3 | 9.7 | 13.2 | 16.8 | 20.5 | 24.4 |
| | 70 | | | | | | | | | | | 0 | 3.2 | 6.5 | 9.9 | 13.4 | 17.1 | 20.9 |
| | 75 | | | | | | | | | | | | 0 | 3.2 | 6.6 | 10.1 | 13.7 | 17.4 |
| | 80 | | | | | | | | | | | | | 0 | 3.3 | 6.7 | 10.3 | 13.9 |
| | 85 | | | | | | | | | | | | | | 0 | 3.4 | 6.8 | 10.5 |
| | 90 | | | | | | | | | | | | | | | 0 | 3.4 | 7.0 |
| | 95 | | | | | | | | | | | | | | | | 0 | 3.5 |
| | 100 | | | | | | | | | | | | | | | | | 0 |

* 在0℃下,硫酸铵溶液由初浓度调到终浓度时,每100 mL 溶液所加固体硫酸铵的克数。

## 五、常用离子交换剂

### 1. 常用离子交换纤维素

| 常用离子交换纤维素 | 形状 | 长度/μm | 交换容量/(mmol/g) | 蛋白吸附容量/(mg/g) | | 床体积/(mL/g) | |
|---|---|---|---|---|---|---|---|
| | | | | 胰岛素(pH 8.5) | 牛血清清蛋白(pH 8.5) | pH 6.0 | pH 7.5 |
| DEAE-纤维素 | | | | | | | |
| DE-22 | 改良纤维性* | 12~400 | 1.0±0.1 | 750 | 450 | 7.7 | 7.7 |
| DE-23 | 改良纤维性(除细粒) | 18~400 | 1.0±0.1 | 750 | 450 | 8.3 | 9.1 |
| DE-32 | 微粒性(干粉) | 24~63 | 1.0±0.1 | 850 | 660 | 6 | 6.3 |
| DE-52 | 微粒性(溶胀) | 24~63 | 1.0±0.1 | 850 | 660 | 6 | 6.3 |

| 常用离子交换纤维素 | 形状 | 长度/μm | 交换容量/(mmol/g) | 蛋白吸附容量/(mg/g) | | 床体积/(mL/g) | |
|---|---|---|---|---|---|---|---|
| | | | | 溶菌酶(pH 5.0) | 7S-γ球蛋白(pH 5.0) | pH 5.0 | pH 7.5 |
| CM-纤维素 | | | | | | | |
| CM-22 | 改良纤维性 | 12~400 | 0.6±0.06 | 600 | 150 | 7.7 | 7.7 |
| CM-23 | 改良纤维性(除细粒) | 18~400 | 0.6±0.06 | 600 | 150 | 9.1 | 9.1 |
| CM-32 | 微粒性(干粉) | 24~63 | 1.0±0.1 | 1 260 | 400 | 6.8 | 6.7 |
| CM-52 | 微粒性(溶胀) | 24~63 | 1.0±0.1 | 1 260 | 400 | 6.8 | 6.7 |

\* 英国 Whatman 厂的型号。

### 2. 离子交换层析介质的技术数据

| 离子交换介质名称 | 最高载量 | 颗粒大小/μm | 稳定性工作 pH | 耐压/MPa | 最快流速/(cm/h) |
|---|---|---|---|---|---|
| SOURCE 15 Q | 25 mg 蛋白 | 15 | 2~12 | 4 | 1 800 |
| SOURCE 15 S | 25 mg 蛋白 | 15 | 2~12 | 4 | 1 800 |
| Q Sepharose H. P. | 70 mg BSA | 24~44 | 2~12 | 0.3 | 150 |
| SP Sepharose H. P. | 55 mg 核糖核酸酶 | 24~44 | 3~12 | 0.3 | 150 |
| Q Sepharose F. F. | 120 mg HSA | 45~165 | 2~12 | 0.2 | 400 |
| SP Sepharose F. F. | 75 mg BSA | 45~165 | 4~13 | 0.2 | 400 |
| DEAE Sepharose F. F. | 110 mg HSA | 45~165 | 2~9 | 0.2 | 300 |
| CM Sepharose F. F. | 50 mg 核糖核酸酶 | 100~300 | 6~13 | 0.2 | 300 |
| Q Sepharose Big Beads | | 100~300 | 2~12 | 0.3 | 1 200~1 800 |
| SP Sepharose Big Beads | 60 mg BSA | 干粉 40~120 | 4~12 | 0.3 | 1 200~1 800 |

## 六、常用凝胶层析介质

| 凝胶介质名称 | 分离范围 | 颗粒大小/$\mu m$ | 特性/应用 | 稳定性工作pH | 最快流速/(cm/h) |
|---|---|---|---|---|---|
| Superdex 30 | <10 000 | 24~44 | 肽类、寡糖、小蛋白等 | 3~12 | 100 |
| Superdex 75 | 3 000~70 000 | 24~44 | 重组蛋白、细胞色素 | 3~12 | 100 |
| Superdex 200 | 10 000~$6\times10^5$ | 24~44 | 单抗、大蛋白 | 3~12 | 100 |
| Superose 6 | 5 000~$5\times10^6$ | 20~40 | 蛋白、肽类、多糖、核酸 | 3~12 | 30 |
| Superose 12 | 1 000~$3\times10^5$ | 20~40 | 蛋白、肽类、寡糖、多糖 | 3~12 | 30 |
| Sephacryl S-100 HR | 1 000~$1\times10^5$ | 25~75 | 肽类、小蛋白 | 3~11 | 20~39 |
| Sephacryl S-200 HR | 5 000~$2.5\times10^5$ | 25~75 | 蛋白,如清蛋白 | 3~11 | 20~39 |
| Sephacryl S-300 HR | 10 000~$1.5\times10^6$ | 25~75 | 蛋白、抗体 | 3~11 | 20~39 |
| Sephacryl S-400 HR | 20 000~$8\times10^6$ | 25~75 | 多糖、具延伸结构的大分子,如蛋白多糖、脂质体 | 3~11 | 20~39 |
| Sepharose 6 Fast Flow | 10 000~$4\times10^6$ | 平均90 | 巨大分子 | 2~12 | 300 |
| Sepharose 4 Fast Flow | 60 000~$2\times10^7$ | 平均90 | 巨大分子,如重组乙型肝炎表面抗原 | 2~12 | 250 |
| Sepharose 2B | 70 000~$4\times10^7$ | 60~200 | 蛋白、大分子复合物、病毒、不对称分子,如核酸和多糖(蛋白多糖) | 4~9 | 10 |
| Sepharose 4B | 60 000~$2\times10^7$ | 45~165 | 蛋白、多糖 | 4~9 | 11.5 |
| Sepharose 6B | 10 000~$4\times10^6$ | 45~165 | 蛋白、多糖 | 4~9 | 14 |
| Sepharose CL-2B | 70 000~$4\times10^7$ | 60~200 | 蛋白、大分子复合物、病毒、不对称分子,如核酸和多糖(蛋白多糖) | 3~13 | 15 |
| Sepharose CL-4B | 60 000~$2\times10^7$ | 45~165 | 蛋白、多肽、多糖 | 3~13 | 26 |
| Sepharose CL-6B | 10 000~$4\times10^6$ | 45~165 | 蛋白、多肽、多糖 | 3~13 | 30 |
| Sephadex G-10 | <700 | 干粉40~120 | 缓冲液交换、脱盐 | 2~13 | 2~5 |
| Sephadex G-15 | <1 500 | 干粉40~120 | 缓冲液交换、脱盐 | 2~13 | 2~5 |
| Sephadex G-25 Coarse | 1 000~5 000 | 干粉100~300 | 缓冲液交换、脱盐 | 2~13 | 2~5 |
| Sephadex G-25 Medium | 1 000~5 000 | 干粉50~150 | 缓冲液交换、脱盐 | 2~13 | 2~5 |
| Sephadex G-25 Fine | 1 000~5 000 | 干粉20~80 | 缓冲液交换、脱盐 | 2~13 | 2~5 |
| Sephadex G-25 Superfine | 1 000~5 000 | 干粉10~40 | 缓冲液交换、脱盐 | 2~13 | 2~5 |
| Sephadex G-50 Coarse | 1 500~30 000 | 干粉100~300 | 小分子蛋白质分离 | 2~10 | 2~5 |
| Sephadex G-50 Medium | 1 500~30 000 | 干粉50~150 | 小分子蛋白质分离 | 2~10 | 2~5 |
| Sephadex G-50 Fine | 1 500~30 000 | 干粉20~80 | 小分子蛋白质分离 | 2~10 | 2~5 |
| Sephadex G-50 Superfine | 1 500~30 000 | 干粉10~40 | 小分子蛋白质分离 | 2~10 | 2~5 |
| Sephadex G-75 | 3 000~80 000 | 干粉40~120 | 中等蛋白质分离 | 2~10 | 72 |
| Sephadex G-75 Superfine | 3 000~70 000 | 干粉10~40 | 中等蛋白质分离 | 2~10 | 16 |

（续）

| 凝胶介质名称 | 分离范围 | 颗粒大小/μm | 特性/应用 | 稳定性工作pH | 最快流速/(cm/h) |
|---|---|---|---|---|---|
| Sephadex G-100 | 4 000~1.5×10$^5$ | 干粉 40~120 | 中等蛋白质分离 | 2~10 | 47 |
| Sephadex G-100 Superfine | 4 000~1×10$^5$ | 干粉 10~40 | 中等蛋白质分离 | 2~10 | 11 |
| Sephadex G-150 | 5 000~3×10$^5$ | 干粉 40~120 | 稍大蛋白质分离 | 2~10 | 21 |
| Sephadex G-150 Superfine | 5 000~1.5×10$^5$ | 干粉 10~40 | 稍大蛋白质分离 | 2~10 | 5.6 |
| Sephadex G-200 | 5 000~6×10$^5$ | 干粉 40~120 | 较大蛋白质分离 | 2~10 | 11 |
| Sephadex G-200 | 5 000~2.5×10$^5$ | 干粉 10~40 | 较大蛋白质分离 | 2~10 | 2.8 |

## 七、常用缓冲溶液的配制

### 1. 磷酸盐缓冲液

磷酸盐缓冲液的优点为：①容易配制成各种浓度的缓冲液；②适用的 pH 值范围宽；③pH 值受温度的影响小；④缓冲液稀释后 pH 值变化小。其缺点为：①易与常见的 $Ca^{2+}$、$Mg^{2+}$ 以及重金属离子缔合生成沉淀；②会抑制某些生物化学过程，如对某些酶的催化作用会产生一定程度的抑制作用。

（1）磷酸氢二钠-柠檬酸缓冲液配制表

| pH 值 | 0.2 mol/L $Na_2HPO_4$/mL | 0.1 mol/L 柠檬酸/mL | pH 值 | 0.2 mol/L $Na_2HPO_4$/mL | 0.1 mol/L 柠檬酸/mL |
|---|---|---|---|---|---|
| 2.2 | 0.40 | 19.60 | 5.2 | 10.72 | 9.28 |
| 2.4 | 1.24 | 18.76 | 5.4 | 11.15 | 8.85 |
| 2.6 | 2.18 | 17.82 | 5.6 | 11.60 | 8.40 |
| 2.8 | 3.17 | 16.83 | 5.8 | 12.09 | 7.91 |
| 3.0 | 4.11 | 15.89 | 6.0 | 12.63 | 7.37 |
| 3.2 | 4.94 | 15.06 | 6.2 | 13.22 | 6.78 |
| 3.4 | 5.70 | 14.30 | 6.4 | 13.85 | 6.15 |
| 3.6 | 6.44 | 13.56 | 6.6 | 14.55 | 5.45 |
| 3.8 | 7.10 | 12.90 | 6.8 | 15.45 | 4.55 |
| 4.0 | 7.71 | 12.29 | 7.0 | 16.47 | 3.53 |
| 4.2 | 8.28 | 11.72 | 7.2 | 17.39 | 2.61 |
| 4.4 | 8.82 | 11.18 | 7.4 | 18.17 | 1.83 |
| 4.6 | 9.35 | 10.65 | 7.6 | 18.73 | 1.27 |
| 4.8 | 9.86 | 10.14 | 7.8 | 19.15 | 0.85 |
| 5.0 | 10.30 | 9.70 | 8.0 | 19.45 | 0.55 |

注：$Na_2HPO_4$ 相对分子质量=141.98；0.2 mol/L 溶液为 28.40 g/L。$Na_2HPO_4 \cdot 2H_2O$ 相对分子质量=178.05；0.2 mol/L 溶液含 35.61 g/L。$C_6H_8O_7 \cdot H_2O$ 相对分子质量=210.14；0.1 mol/L 溶液为 21.01 g/L。

### (2)磷酸氢二钠-磷酸二氢钠缓冲液配制表(0.2 mol/L)

| pH 值 | 0.2 mol/L Na$_2$HPO$_4$/mL | 0.2 mol/L NaH$_2$PO$_4$/mL | pH 值 | 0.2 mol/L Na$_2$HPO$_4$/mL | 0.2 mol/L NaH$_2$PO$_4$/mL |
|---|---|---|---|---|---|
| 5.8 | 8.0 | 92.0 | 7.0 | 61.0 | 39.0 |
| 5.9 | 10.0 | 90.0 | 7.1 | 67.0 | 33.0 |
| 6.0 | 12.3 | 87.7 | 7.2 | 72.0 | 28.0 |
| 6.1 | 15.0 | 85.0 | 7.3 | 77.0 | 23.0 |
| 6.2 | 18.5 | 81.5 | 7.4 | 81.0 | 19.0 |
| 6.3 | 22.5 | 77.5 | 7.5 | 84.0 | 16.0 |
| 6.4 | 26.5 | 3.5 | 7.6 | 87.0 | 13.0 |
| 6.5 | 31.5 | 68.5 | 7.7 | 89.5 | 10.5 |
| 6.6 | 37.5 | 62.5 | 7.8 | 91.5 | 8.5 |
| 6.7 | 43.5 | 56.5 | 7.9 | 93.0 | 7.0 |
| 6.8 | 49.0 | 51.0 | 8.0 | 94.7 | 5.3 |
| 6.9 | 55.0 | 45.0 | | | |

注：Na$_2$HPO$_4$·2H$_2$O 相对分子质量=178.05；0.2 mol/L 溶液为 35.61 g/L。Na$_2$HPO$_4$·12H$_2$O 相对分子质量=358.22；0.2 mol/L 溶液为 71.64 g/L。NaH$_2$PO$_4$·H$_2$O 相对分子质量=138.01；0.2 mol/L 溶液为 27.6 g/L。NaH$_2$PO$_4$·2H$_2$O 相对分子质量=156.03；0.2 mol/L 溶液为 31.21 g/L。

### (3)磷酸氢二钠-磷酸二氢钾缓冲液(1/15 mol/L)

| pH 值 | 1/15 mol/L Na$_2$HPO$_4$/mL | 1/15 mol/L KH$_2$PO$_4$/mL | pH 值 | 1/15 mol/L Na$_2$HPO$_4$/mL | 1/15 mol/L KH$_2$PO$_4$/mL |
|---|---|---|---|---|---|
| 4.92 | 0.10 | 9.90 | 7.17 | 7.00 | 3.00 |
| 5.29 | 0.50 | 9.50 | 7.38 | 8.00 | 2.00 |
| 5.91 | 1.00 | 9.00 | 7.73 | 9.00 | 1.00 |
| 6.24 | 2.00 | 8.00 | 8.04 | 9.50 | 0.50 |
| 6.47 | 3.00 | 7.00 | 8.34 | 9.75 | 0.25 |
| 6.64 | 4.00 | 6.00 | 8.67 | 9.90 | 0.10 |
| 6.81 | 5.00 | 5.00 | 8.18 | 10.00 | 0 |
| 6.98 | 6.00 | 4.00 | | | |

注：Na$_2$HPO$_4$·2H$_2$O 相对分子质量=178.05；1/15 mol/L 溶液为 11.876 g/L。KH$_2$PO$_4$ 相对分子质量=136.09；1/15 mol/L 溶液为 9.078 g/L。

### (4)PBS 缓冲液

| pH 值 | 7.6 | 7.4 | 7.2 | 7.0 |
|---|---|---|---|---|
| H$_2$O/mL | 1 000 | 1 000 | 1 000 | 1 000 |
| NaCl/g | 8.5 | 8.5 | 8.5 | 8.5 |
| Na$_2$HPO$_4$/g | 2.2 | 2.2 | 2.2 | 2.2 |
| NaH$_2$PO$_4$/g | 0.1 | 0.2 | 0.3 | 0.4 |

## 2. Tris-HCl 缓冲液

Tris-HCl 缓冲液的优点是可通过这一种缓冲体系来配制由酸性到碱性的大范围 pH 值缓冲液,且不易与 $Ca^{2+}$、$Mg^{2+}$ 及重金属离子发生沉淀,对生物化学过程干扰很小。其缺点是:①缓冲液的 pH 值易受溶液浓度影响;②缓冲液 pH 值会受温度的变化而发生较大的改变;③易吸收空气中的 $CO_2$,配制完成后要盖严密封;④对某些 pH 电极发生一定的干扰作用,所以要使用与 Tris 溶液具有兼容性的电极。

Tris-HCl 缓冲液(25℃)的配制方法如下:50 mL 0.1 mol/L Tris 溶液与 $X$ mL 0.1 mol/L 盐酸混匀后,加水稀释至 100 mL。

| pH 值 | HCl $X$/mL | pH 值 | HCl $X$/mL |
|---|---|---|---|
| 7.10 | 45.7 | 8.10 | 26.2 |
| 7.20 | 44.7 | 8.20 | 22.9 |
| 7.30 | 43.4 | 8.30 | 19.9 |
| 7.40 | 42.0 | 8.40 | 17.2 |
| 7.50 | 40.3 | 8.50 | 14.7 |
| 7.60 | 38.5 | 8.60 | 12.4 |
| 7.70 | 36.6 | 8.70 | 10.3 |
| 7.80 | 34.5 | 8.80 | 8.5 |
| 7.90 | 32.0 | 8.90 | 7.0 |
| 8.00 | 29.2 | | |

注:Tris(三羟甲基氨基甲烷)相对分子质量=121.14;0.1 mol/L 溶液为 12.114 g/L。

## 3. 有机酸缓冲液

这一类缓冲液多数是用羧酸与它们的盐配制而成,pH 值范围一般在 3.0~6.0,最常用的羧酸是甲酸、乙酸、柠檬酸和琥珀酸等。甲酸-甲酸盐缓冲液挥发性强,使用后可以用减压法除之。有机酸缓冲液的缺点是:①所有这些羧酸都是天然的代谢产物,因而对生物化学反应过程可能发生干扰作用;②柠檬酸盐和琥珀酸盐可以和 $Fe^{3+}$、$Zn^{2+}$、$Mg^{2+}$ 等结合而使缓冲液受到干扰;③易与 $Ca^{2+}$ 结合。

(1)柠檬酸-柠檬酸三钠缓冲液(0.1 mol/L)

| pH 值 | 0.1 mol/L 柠檬酸/mL | 0.1 mol/L 柠檬酸三钠/mL | pH 值 | 0.1 mol/L 柠檬酸/mL | 0.1 mol/L 柠檬酸三钠/mL |
|---|---|---|---|---|---|
| 3.0 | 18.6 | 1.4 | 5.0 | 8.2 | 11.8 |
| 3.2 | 17.2 | 2.8 | 5.2 | 7.3 | 12.7 |
| 3.4 | 16.0 | 4.0 | 5.4 | 6.4 | 13.6 |
| 3.6 | 14.9 | 5.1 | 5.6 | 5.5 | 14.5 |
| 3.8 | 14.0 | 6.0 | 5.8 | 4.7 | 15.3 |
| 4.0 | 13.1 | 6.9 | 6.0 | 3.8 | 16.2 |
| 4.2 | 12.3 | 7.7 | 6.2 | 2.8 | 17.2 |
| 4.4 | 11.4 | 8.6 | 6.4 | 2.0 | 18.0 |
| 4.6 | 10.3 | 9.7 | 6.6 | 1.4 | 18.6 |
| 4.8 | 9.2 | 10.8 | | | |

注:柠檬酸 $C_6H_8O_7 \cdot H_2O$ 相对分子质量=210.14;0.1 mol/L 溶液为 21.01 g/L。柠檬酸三钠 $Na_3C_6H_5O_7 \cdot 2H_2O$ 相对分子质量=294.12;0.1 mol/L 溶液为 29.41 g/L。

(2) 乙酸-乙酸钠缓冲液(0.2 mol/L)

| pH 值<br>(18℃) | 0.2mol/L<br>乙酸钠/mL | 0.2 mol/L<br>乙酸/mL | pH 值<br>(18℃) | 0.2mol/L<br>乙酸钠/mL | 0.2 mol/L<br>乙酸/mL |
| --- | --- | --- | --- | --- | --- |
| 3.6 | 0.75 | 9.25 | 4.8 | 5.90 | 4.10 |
| 3.8 | 1.20 | 8.80 | 5.0 | 7.00 | 3.00 |
| 4.0 | 1.80 | 8.20 | 5.2 | 7.90 | 2.10 |
| 4.2 | 2.65 | 7.35 | 5.4 | 8.60 | 1.40 |
| 4.4 | 3.70 | 6.30 | 5.6 | 9.10 | 0.90 |
| 4.6 | 4.90 | 5.10 | 5.8 | 9.40 | 0.60 |

注：乙酸钠 $NaAc \cdot 3H_2O$ 相对分子质量 = 136.09；0.2 mol/L 溶液为 27.22 g/L。

### 4. 硼酸盐缓冲液

该种缓冲液的优点是配制方便，只使用一种试剂，但缺点是能与很多代谢产物形成络合物，尤其是能与糖类的羟基反应生成稳定的复合物而使缓冲液受到干扰。

(1) 硼酸-硼砂缓冲液(0.2 mol/L 硼酸根)

| pH 值 | 0.05 mol/L<br>硼砂/mL | 0.2 mol/L<br>硼砂/mL | pH 值 | 0.05 mol/L<br>硼砂/mL | 0.2 mol/L<br>硼酸/mL |
| --- | --- | --- | --- | --- | --- |
| 7.4 | 1.0 | 9.0 | 8.2 | 3.5 | 6.5 |
| 7.6 | 1.5 | 8.5 | 8.4 | 4.5 | 5.5 |
| 7.8 | 2.0 | 8.0 | 8.7 | 6.0 | 4.0 |
| 8.0 | 3.0 | 7.0 | 9.0 | 8.0 | 2.0 |

注：硼砂 $Na_2B_4O_7 \cdot H_2O$ 相对分子质量 = 381.43；0.05 mol/L 溶液 (= 0.2 mol/L 硼酸根) 为 19.07 g/L。硼酸 $H_3BO_3$ 相对分子质量 = 61.84；0.2 mol/L 溶液为 12.37 g/L。硼砂易失去结晶水，必须在带塞的瓶中保存。

(2) 硼砂-氢氧化钠缓冲液(0.05 mol/L 硼酸根)

$X$ mL 0.05 mol/L 硼砂 + $Y$ mL 0.2 mol/L 氢氧化钠加水稀释至 200 mL。

| pH 值 | $X$/mL | $Y$/mL | pH 值 | $X$/mL | $Y$/mL |
| --- | --- | --- | --- | --- | --- |
| 9.3 | 50 | 6.0 | 9.8 | 50 | 34.0 |
| 9.4 | 50 | 11.0 | 10.0 | 50 | 43.0 |
| 9.6 | 50 | 23.0 | 10.1 | 50 | 46.0 |

注：硼砂 $Na_2B_4O_7 \cdot 10H_2O$ 相对分子质量 = 381.43；0.05 mol/L 溶液为 19.07 g/L。